5

Geometrische Grundbegriffe

Punkte im Koordinatensystem

1. Das Bild rechts zeigt den Deckel eines Unterflurhydranten, also einer unter dem Straßenniveau liegenden Wasserentnahmestelle aus dem Ortswassernetz.

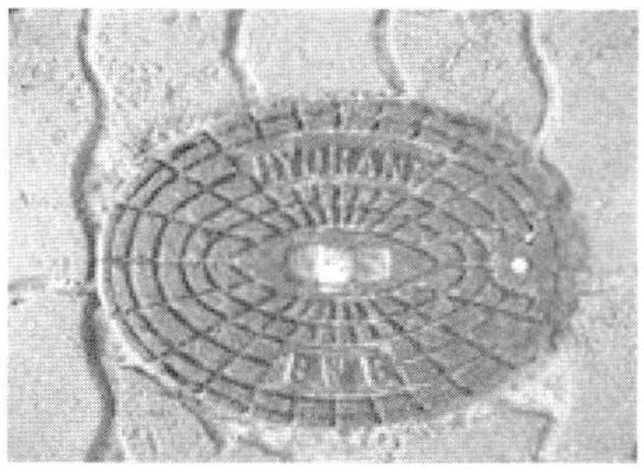

Da diese Hydranten bei Eis und Schnee schlecht zu finden sind, stehen in deren Nähe **Hydrantenschilder**. Das H steht für Hydrant, die Zahl hinter dem H gibt den Durchmesser der Wasserleitung in mm an.

Was bedeuten die restlichen Angaben auf den Hydrantenschildern?

In einem **Koordinatensystem** wird die **Lage von Punkten** mit Hilfe von **Zahlenpaaren** beschrieben.

***P*(3|5)** bedeutet:
Gehe vom Ursprung aus
3 Einheiten nach rechts
und dann
5 Einheiten nach oben.

Unterscheide davon $Q(5|3)$.

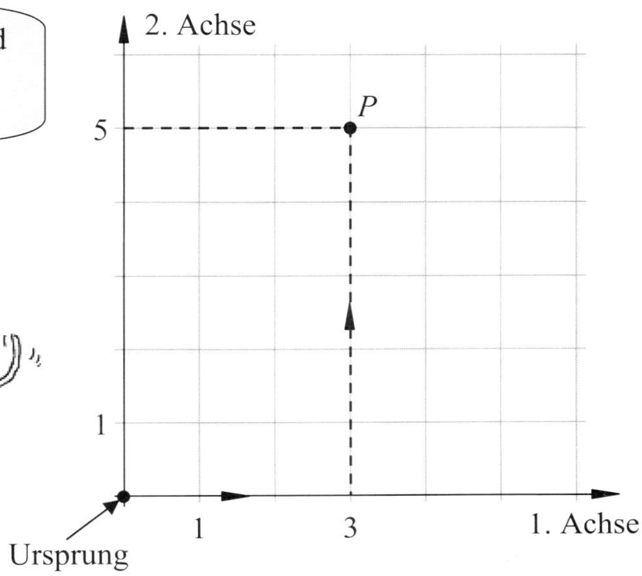

2. Zeichne den Punkt $Q(5|3)$ in das vorige Koordinatensystem und beschreibe in Worten, wie du vorgehst.

3. Bestimme die Koordinaten der Punkte A, B, ..., J.

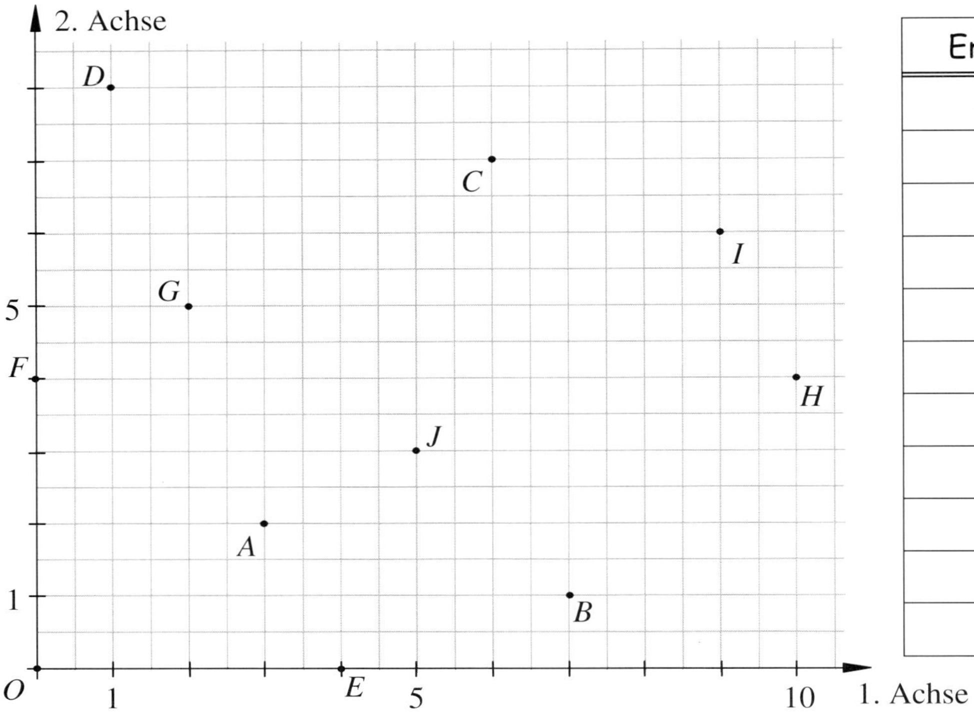

Ergebnisse
O(0|0)

4. a) Zeichne die fünf Punkte $A(0|0)$, $B(1|5)$, $C(3|1)$, $D(5|5)$ und $E(6|0)$. Verbinde durch Strecken A mit B, B mit C, C mit D und D mit E.

Welcher Buchstabe entsteht?

b) Silvester hat irrtümlich die Koordinaten der Punkte vertauscht. Wie sieht Silvesters Zeichnung aus?

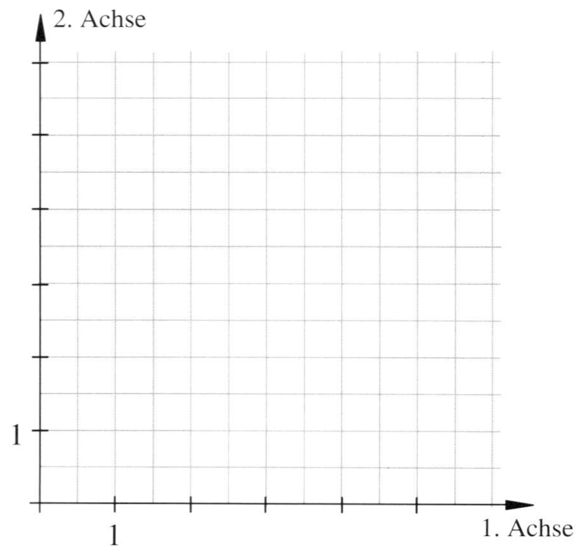

5. a) Zeichne im Heft ein Koordinatensystem und markiere darin folgende Punkte:

$A(5|0)$, $B(6|4)$, $C(10|5)$, $D(6|6)$, $E(5|10)$, $F(4|6)$, $G(0|5)$ und $H(4|4)$.

b) Verbinde durch Strecken: A mit B, B mit C, ..., G mit H und H mit A. Welche Figur entsteht?

c) Erfinde selbst eine solche Aufgabe.

6. a) Markiere in dem abgebildeten Koordinatensystem die Punkte, deren **zweite Koordinate** 3 ist.

b) Markiere mit einer anderen Farbe die Punkte, deren **erste Koordinate** 5 ist.

c) Wo liegen alle Punkte deren erste (zweite) Koordinate 0 ist?

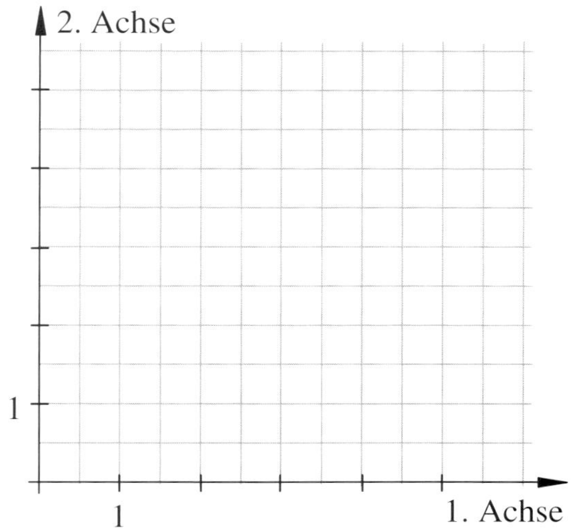

7. Zeichne in einem Koordinatensystem alle Punkte $P(x \mid y)$, für die gilt:

a) $x = y$

b) $x \leq 4$ und $y = 2$

c) $3 \leq x \leq 5$ und $1 \leq y \leq 5$

d) $x \leq 6$ und $y \leq x$

Fertige für jeden Aufgabenteil eine neue Zeichnung an.

8.

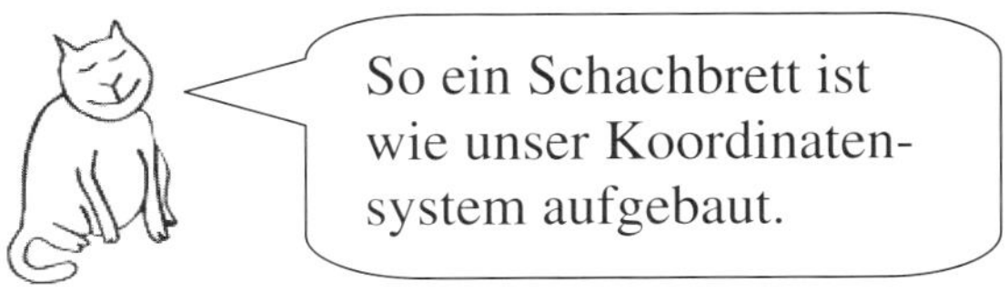

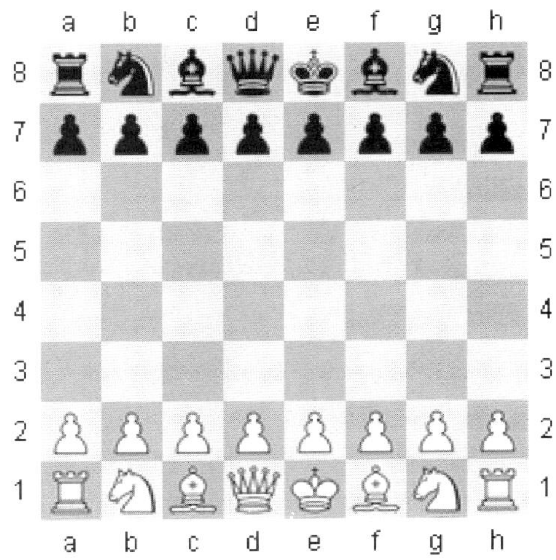

Nimm Stellung!

Strecke, Gerade, Strahl

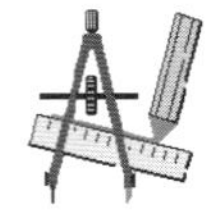

Eine gerade Linie, die von zwei Punkten begrenzt wird, heißt **Strecke**.

$\overline{AB}$ = Strecke mit den Endpunkten A und B

$|\overline{AB}|$ = Länge von $\overline{AB}$

9. a) Zeichne die Punkte in ein Koordinatensystem:

$$A(0|3)\ ,\ B(4|1)\ ,\ C(8|5)\ \text{ und }\ D(2|6)\,.$$

b) Zeichne alle Verbindungsstrecken der Punkte.

c) Miss die Längen der Strecken und notiere die Messergebnisse in der Form $|\overline{AB}| \approx \cdots$.

10. a) Zeichne die Punkte $P(2|5)$ und $Q(6|2)$ und miss ihre Entfernung.

b) Miss die Entfernung der beiden Punkte vom Koordinatenursprung.

c) Von welchem Punkt der ersten Achse hat P die geringste Entfernung?

d) Ergänze:

Die Entfernung zweier Punkte ist

11. Susanne und Marie wohnen im selben Haus und gehen in dieselbe Schule. Sie wählen unterschiedliche Wege:

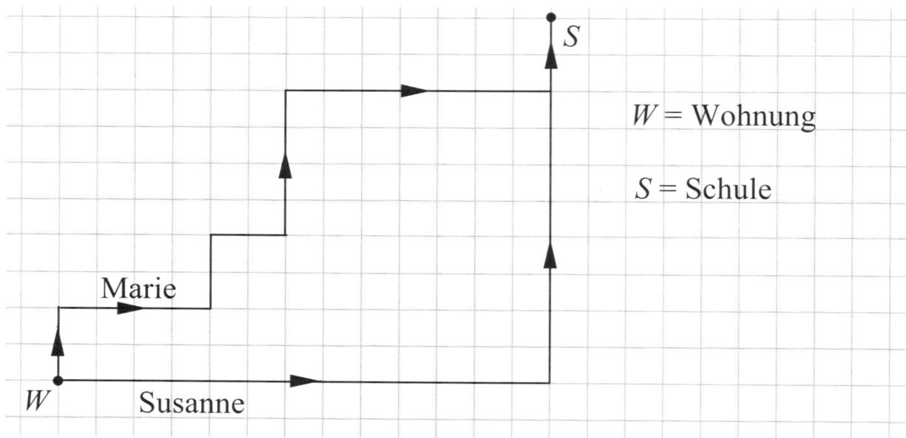

Welcher Weg ist länger? Begründe deine Entscheidung.

12.

a) Wie viele Geraden gibt es, die durch den Punkt *A* gehen?

Zeichne einige dieser Geraden.

b) Wie viele Geraden gibt es, die durch *A* und *B* gehen?

Zeichne farbig und formuliere einen Satz.

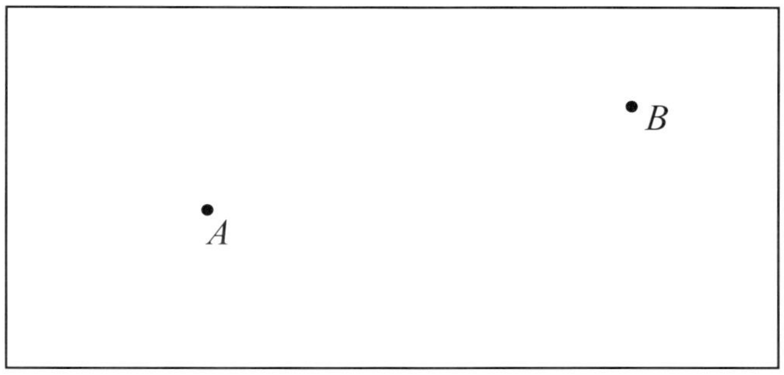

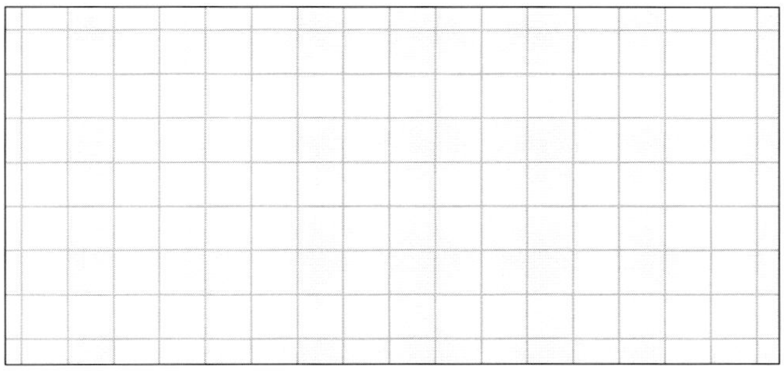

13. a) Zeichne die Geraden *g*, *h* und *k* in ein Koordinatensystem:

- *g* geht durch $(0|4)$ und $(6|2)$,
- *h* geht durch $(6|7)$ und $(8|3)$,
- *k* geht durch $(1|2)$ und $(5|4)$.

b) Wie viele Schnittpunkte haben die drei Geraden?
Gib den Schnittpunkten Namen und lies ihre Koordinaten ab.

14. In wie vielen Punkten schneiden sich die Geraden in nebenstehender Zeichnung?

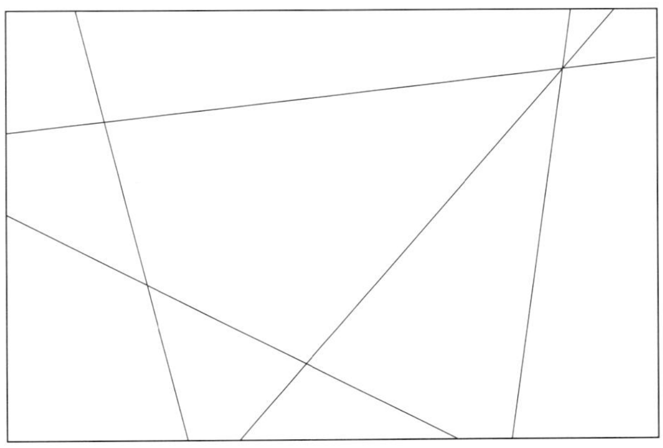

15. Anzahl der Verbindungsgeraden

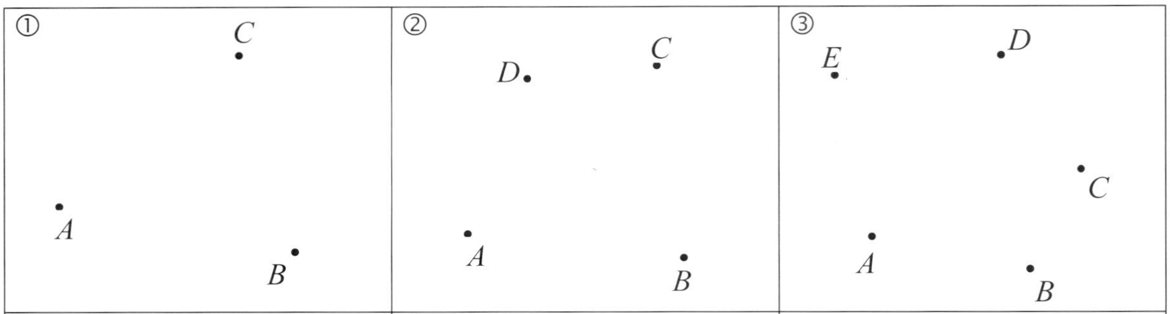

Anzahl:	Anzahl:	Anzahl:

a) Zeichne in Abbildung ① alle möglichen Verbindungsgeraden der **drei** Punkte *A*, *B* und *C* und gib ihre Anzahl an.

b) Zeichne in Abbildung ② alle möglichen Verbindungsgeraden der **vier** Punkte *A*, *B*, C und *D*. Wie viele sind das?

c) Können vier Punkte auch so liegen, dass es weniger als sechs Verbindungsgeraden gibt? Zeichne im Heft.

d) Zeichne in der Abbildung ③ alle möglichen Verbindungsgeraden der **fünf** Punkte *A*, *B*, *C*, *D* und *E* und bestimme ihre Anzahl. Beachte Wurzels Tipp!

Zeichne zuerst alle Verbindungsgeraden, die durch *A* gehen, dann alle, die durch *B* gehen und noch nicht gezeichnet sind usw.

e) Finde durch Überlegen heraus, wie viele Verbindungsgeraden es zwischen sechs (zehn) Punkten höchstens gibt.

16. Zwei Schiffe steuern auf dem Meer mit geradem Kurs den Leuchtturm „Neuwerk" an. In der letzten Stunde ist das erste Schiff die Strecke $\overline{AB}$ und das zweite Schiff die Strecke $\overline{CD}$ gefahren.

a) In welchem Punkt am Ufer ist das erste Schiff losgefahren?

b) Wo liegt der Leuchtturm „Neuwerk"?

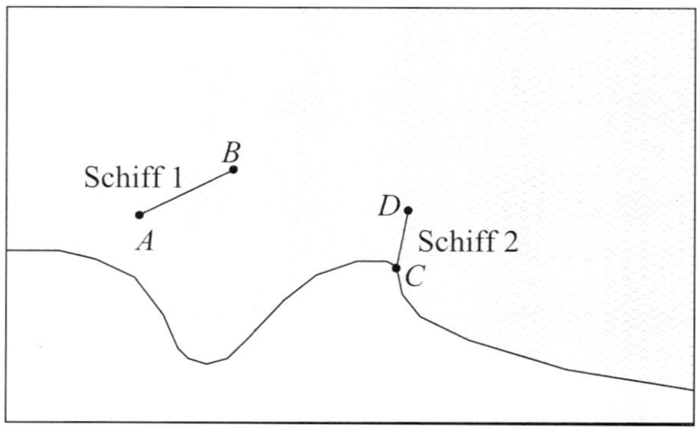

Eine einseitig unbegrenzte gerade Linie heißt **Strahl** oder **Halbgerade**.

Ein Strahl hat einen Anfangspunkt, aber keinen Endpunkt.

17. Lichtstrahlen

Ein Hindernis wird von zwei punktförmigen Lichtquellen A und B beleuchtet. Der Schatten wird auf einem Schirm aufgefangen. Bestimme den Teil des Schirms, der im **Kernschatten** liegt, d. h. der weder von A noch von B beleuchtet wird.

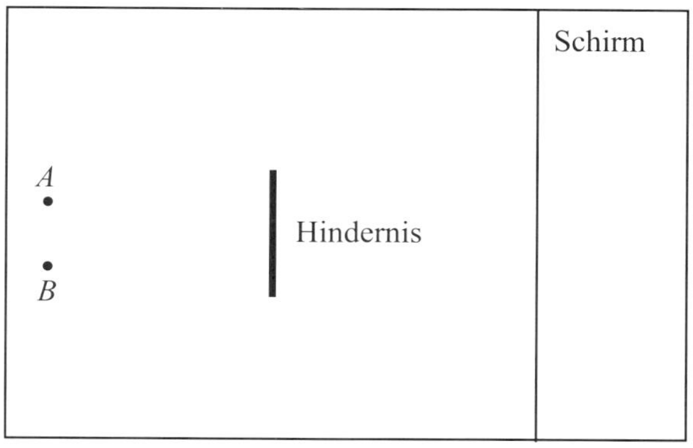

18. Punktmengen

Geraden, Strahlen und Strecken bestehen aus Punkten, es sind **unendliche Punktmengen**.

Wir können daher in der Geometrie die Elementbeziehung (∈) benutzen.

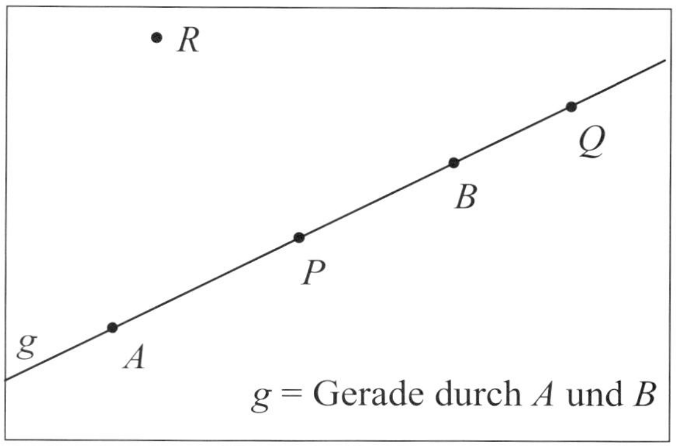

Betrachte die Abbildung und übersetze.

geometrische Sprache	Mengensprache
P liegt auf der Geraden g.	
g verläuft durch Q.	
	$R \notin g$
	$P \in \overline{AB}$
A liegt nicht auf $\overline{PQ}$.	

Traktor

Du möchtest deinen Freund überzeugen, dass die Vorderräder sich beim Fahren öfters drehen als die Hinterräder.
Welchen Grund nennst du ihm?

Das Vorderrad dreht sich beim Fahren 1,5-mal so oft wie das Hinterrad. Wie oft hat sich das Hinterrad gedreht, wenn das Vorderrad 600 Umdrehungen gemacht hat?

Senkrecht

Geraden, die so verlaufen wie die **Grundlinie** und die **Mittellinie** des Geodreiecks, sind zueinander **senkrecht** (Symbol: ⦜ oder ∟).
Wir schreiben: $g \perp h$.

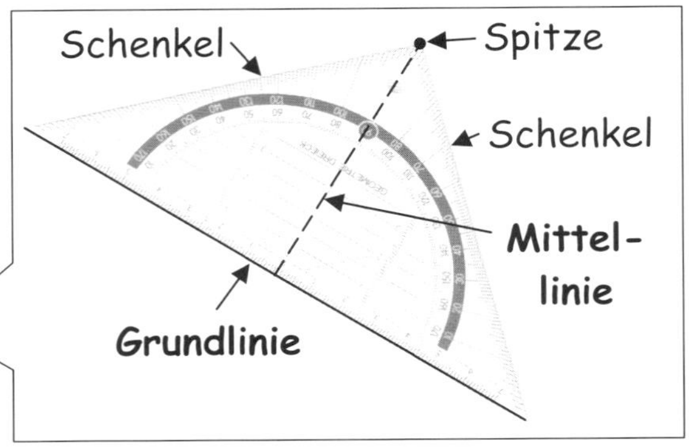

19. Die Abbildung rechts zeigt, wie wir mit einem Geodreieck eine **Senkrechte zu einer Geraden *g*** zeichnen.
Beachte, dass die Mittellinie exakt auf der Geraden *g* liegen muss!

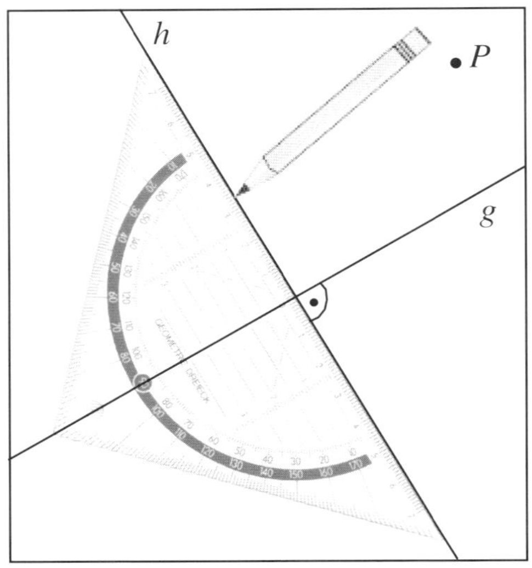

a) Füge in der Abbildung eine weitere Senkrechte zur Geraden *g* hinzu.

b) Silvester möchte eine Gerade zeichnen, die durch den Punkt *P* geht und senkrecht zu *g* ist. Kannst du ihm helfen?

20. Zeichne die Senkrechte zur Geraden *g* durch den Punkt *P*.

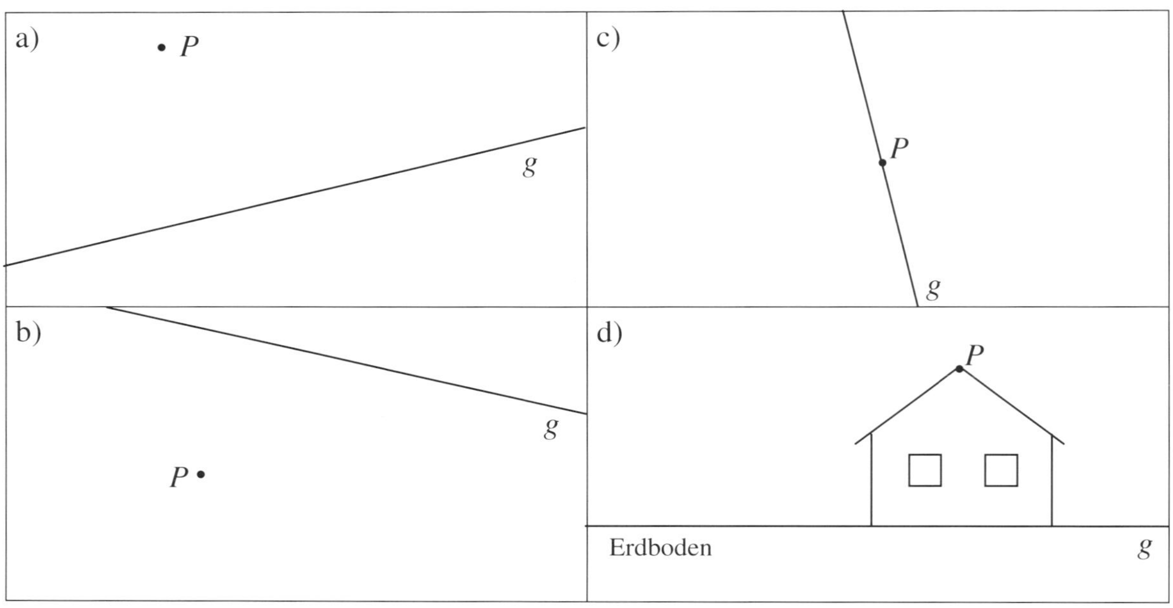

Hinweis zu d): Eine Linie, die senkrecht zur Erdoberfläche steht, heißt **lotrecht**.

21. Silvester sollte die Senkrechte zur Geraden PQ durch den Punkt A zeichnen. Nebenstehende Abbildung zeigt seine Lösung.

Korrigiere die Lösung, falls sie falsch ist.

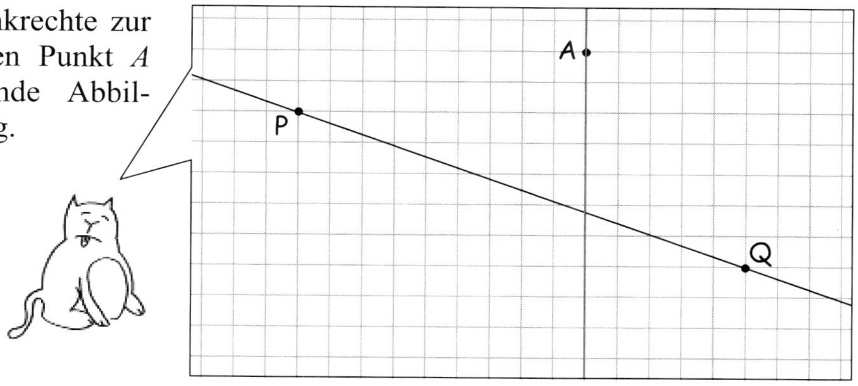

22. Überprüfe mit dem Geodreieck, welche der Geraden zueinander senkrecht sind.

Ergebnis:

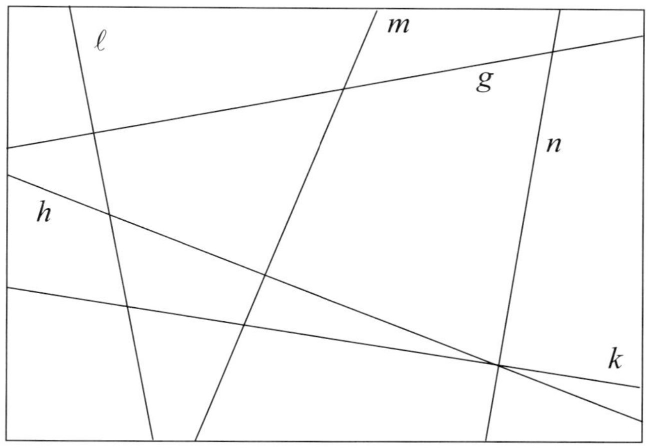

23. Im Koordinatensystem

a) • Zeichne die Gerade g durch $A(4|3)$ und $B(7|0)$.
• Zeichne jeweils die Senkrechte zu AB durch die Punkte $P(6|4)$, $Q(0|3)$ und $R(3|4)$.

b) Zeichne das Viereck mit den Eckpunkten A, B, C, D und die Diagonalen.
Prüfe, welche Strecken zueinander senkrecht sind.

• $A(1|1)$, $B(6|2)$, $C(7|7)$, $D(2|6)$.
• $A(1|2)$, $B(7|0)$, $C(5|6)$, $D(2|5)$.

24. Im Dreieck

a) • Zeichne das Dreieck mit den Eckpunkten $A(1|3)$, $B(8|1)$ und $C(5|8)$.
• Zeichne zu jeder Dreiecksseite die Senkrechte durch die gegenüberliegende Ecke.
• Wie viele Schnittpunkte haben die drei Senkrechten miteinander?

b) Wiederhole Teil a) an selbst gewählten Dreiecken mit einer Geometrie-Software.

25. Mittelsenkrechte

Silvester ist in einem Geometriebuch auf den Begriff „Mittelsenkrechte einer Strecke“ gestoßen. Wurzel meint, der Begriff sei selbsterklärend.

a) Erkläre den Begriff mit deinen Worten.

b) Zeichne die Mittelsenkrechte von $\overline{AB}$.

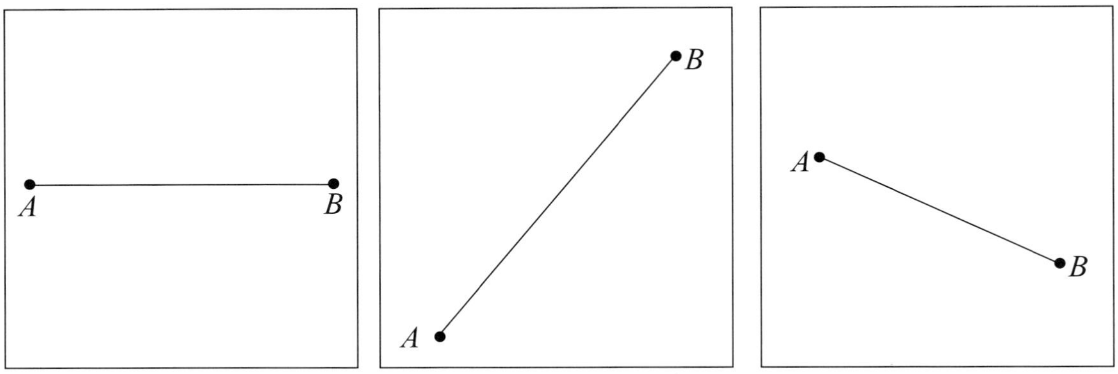

c)
- Zeichne in dein Heft (oder mit einer Geometriesoftware) eine Strecke $\overline{AB}$ und die Mittelsenkrechte dieser Strecke.
- Wähle Punkte auf der Mittelsenkrechten und miss ihre Entfernungen von den Endpunkten der Strecke $\overline{AB}$.
- Was beobachtest du? Formuliere einen Wenn-dann-Satz.

Abstände

26. Gegeben sind eine Gerade *g* und ein Punkt *P*.

a) Markiere vier Punkte auf der Geraden *g*, zeichne die Verbindungsstrecken zu *P* und miss die Längen dieser Strecken.

b) Finde die kürzeste Verbindungsstrecke zwischen *P* und *g*. Zeichne sie farbig und miss ihre Länge.

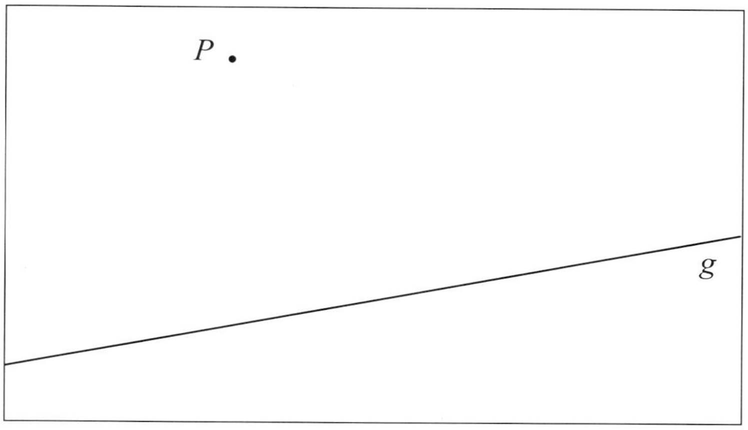

c) Beschreibe die Lage dieser Strecke.

Von allen Verbindungsstrecken zwischen P und g ist diejenige die kürzeste, die .

Das **Lot von einem Punkt *P* auf eine Gerade *g*** ist die Verbindungsstrecke zwischen *P* und *g*, die senkrecht auf *g* steht.

Das Lot ist die kürzeste Verbindungsstrecke zwischen *P* und *g*. Seine Länge heißt **Abstand von *P* und *g***.

Die Abbildung zeigt, wie wir **das Lot eines Punktes *P* auf eine Gerade *g*** zeichnen.

Lies den Abstand von *P* und *g* aus der Zeichnung ab.

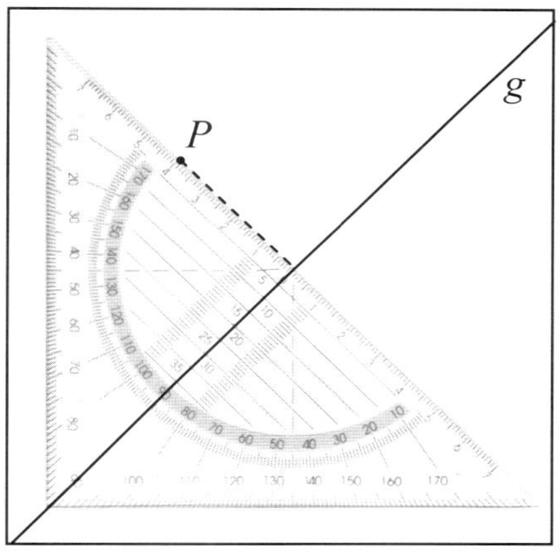

27. Miss die Abstände der Punkte *P* und *Q* von der Geraden *g*.

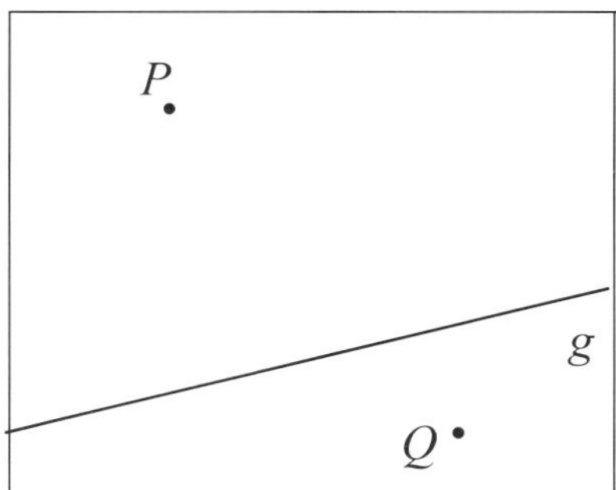	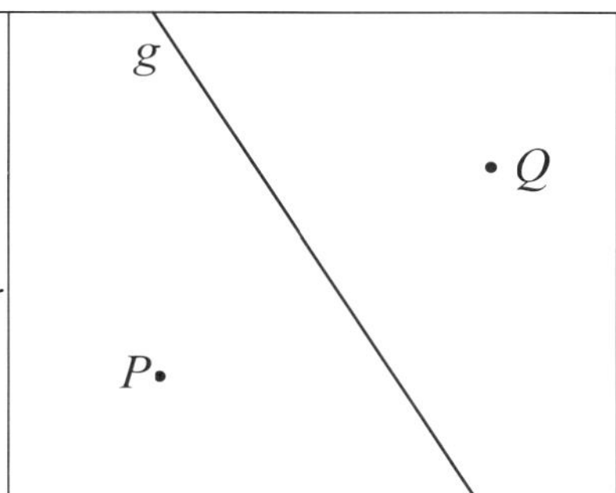	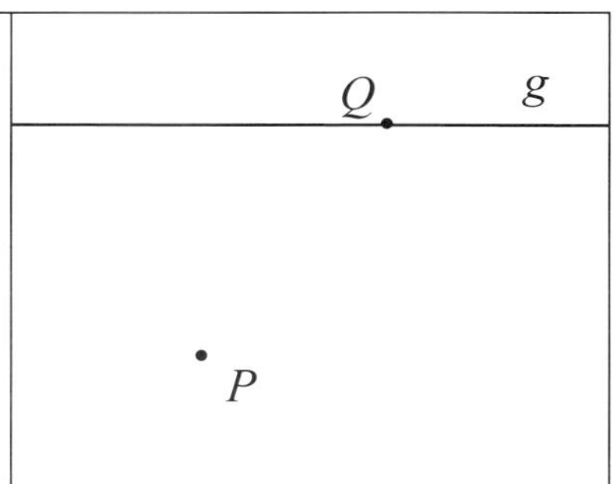
Abstand von ... ... P zu g: ... Q zu g:	Abstand von ... ... P zu g: ... Q zu g:	Abstand von ... ... P zu g: ... Q zu g:

28. Gegeben sind drei Punkte *P*, *Q* und *R* und drei Geraden *g*, *h* und *k*.

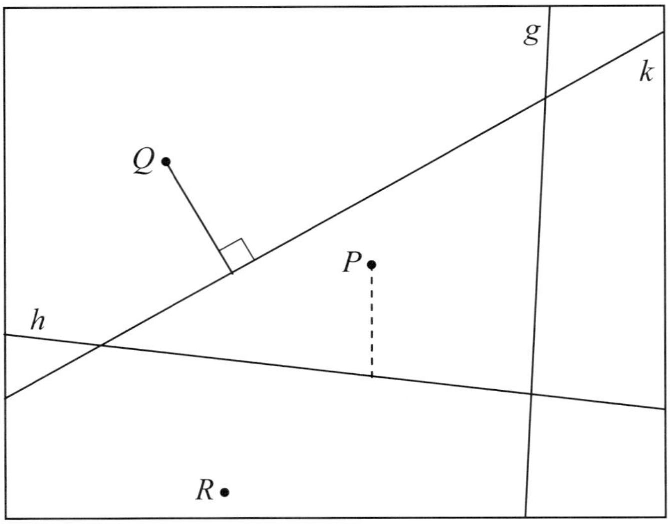

a) Wurzel hat das Lot von *Q* auf *k* eingezeichnet.
Überprüfe, ob das Lot korrekt gezeichnet ist.

b)

Bist du einverstanden?

c) Miss die Abstände der Punkte *P*, *Q* und *R* von den Geraden *g*, *h* und *k* und trage die Ergebnisse in die Tabelle ein.

	g	h	k
P			
Q			
R			

29. Zeichne die Punkte $A(0|4)$, $B(6|0)$ und $P(6|5)$ sowie die Gerade *AB*. Miss die Entfernung von *P* und *A*, die Entfernung von *P* und *B* und den Abstand von *P* und *AB*.

30. Gegeben sind zwei Geraden *g* und *h*.

a) Wähle drei Punkte *A*, *B* und *C* auf *h* und miss ihren Abstand zu *g*. Was fällt dir auf?

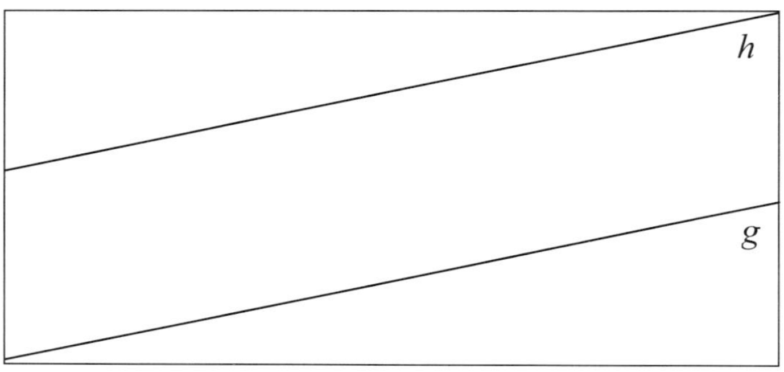

Abstand von

A und g:

B und g:

C und g:

b) Wähle umgekehrt Punkte auf *g* und miss ihren Abstand zu *h*. Beschreibe deine Beobachtungen.

c) Welchen besonderen Verlauf haben die Geraden *g* und *h*?

Parallel

Wenn alle Punkte einer Geraden *h* den gleichen Abstand von der Geraden *g* haben, so verlaufen die Geraden *g* und *h* zueinander **parallel**.
Wir schreiben: $g \parallel h$.

Die Abbildung rechts zeigt, wie wir mit einem Geodreieck eine **Parallele zu einer Geraden *g* im Abstand 3,5 cm** zeichnen.

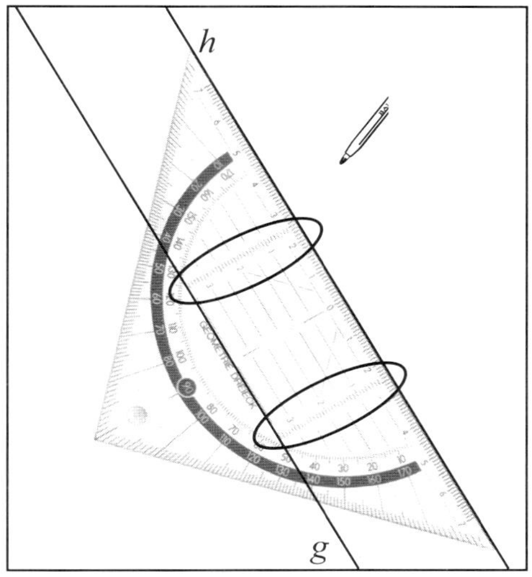

31. a) Zeichne zur Geraden *g* jeweils eine Parallele
- *h* im Abstand 1 cm ,
- *k* im Abstand 3,2 cm .

b) Begründe:
Die Geraden *h* und *k* verlaufen zueinander parallel.

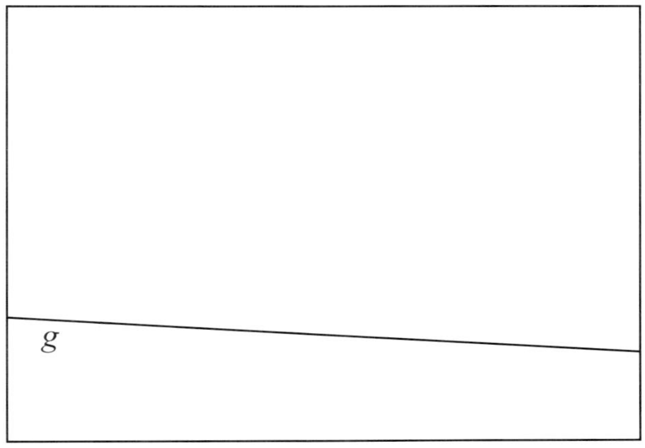

32. Zeichne die Parallele zu *g* durch den Punkt *P* und miss den Abstand der Parallelen.

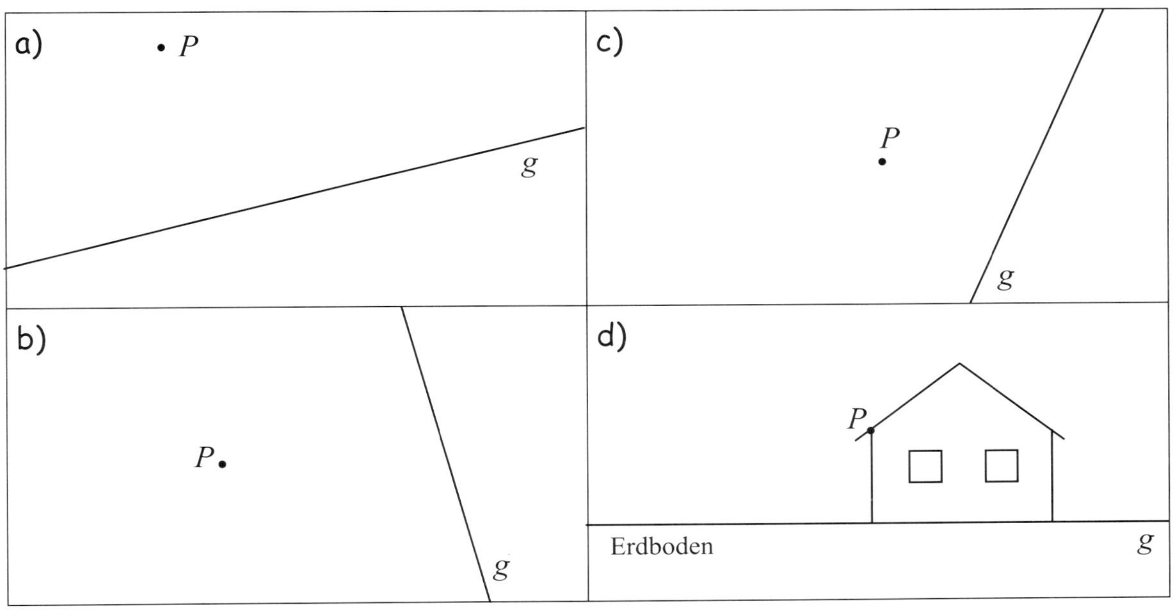

Hinweis zu d): Eine Linie, die parallel zur Erdoberfläche ist, heißt **waagerecht**.

33. Streifenschar

Zeichne die Parallelen zu BC durch die markierten Punkte.

Wie teilen die Parallelen die Strecke $\overline{AB}$?

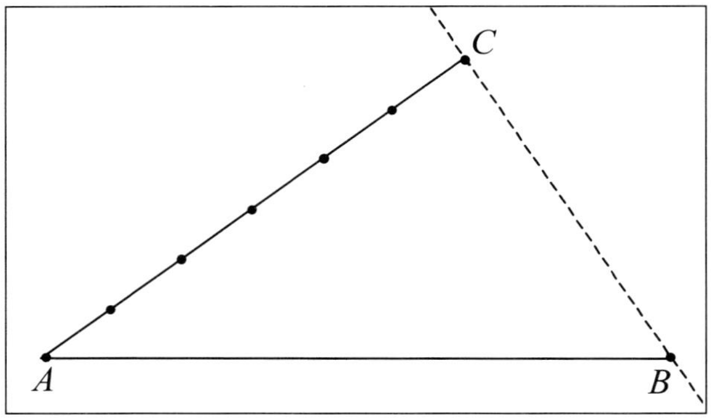

34. Überprüfe mit dem Geodreieck, welche der folgenden Geraden parallel verlaufen.

g ||

h ||

i ||

j ||

k ||

ℓ ||

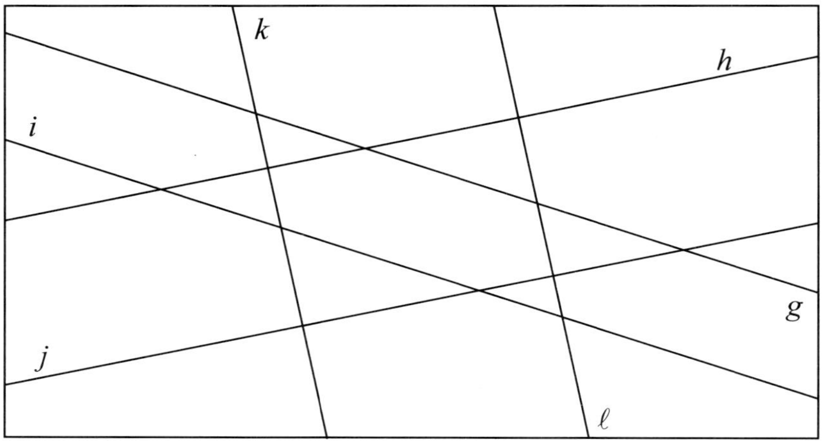

35. Parallel und senkrecht

a) Gegeben ist eine Gerade k.

- Zeichne zwei Gerade g und h, die zu k senkrecht sind.
- Welche Beziehung besteht zwischen g und h?

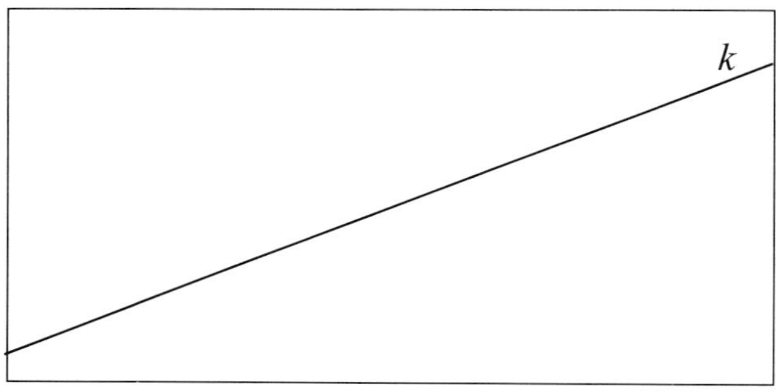

b) Formuliere einen Wenn-dann-Satz:

c) Prüfe, ob auch folgender Satz gilt:

> Wenn zwei Geraden zueinander parallel sind, dann haben sie eine gemeinsame Senkrechte.

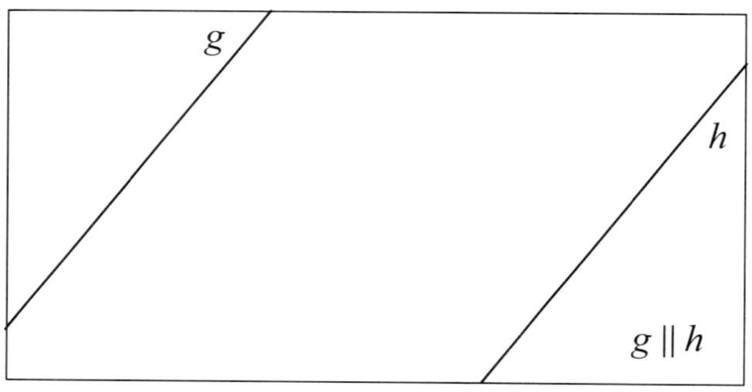

36. a) In nebenstehender Abbildung sollst du die Parallele zur Geraden *g* durch den Punkt *P* zeichnen.

- Warum kannst du nicht so vorgehen wie in Aufgabe 32?
- Wende an, was du in Aufgabe 35 gelernt hast.

b) Zeichne ferner eine Parallele zu *g* im Abstand 5 cm.

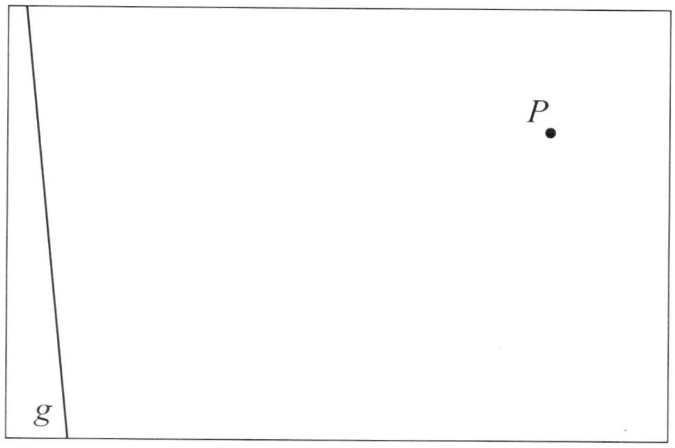

37. Wie verlaufen *g* und *h* jeweils zueinander?

Fertige dann zu jedem Fall eine Zeichnung an.

Seien g, h und k Geraden.

① Wenn $g \parallel k$ und $h \parallel k$ ist, dann ist ______.

② Wenn $g \parallel k$ und $h \perp k$ ist, dann ist ______.

③ Wenn $g \perp k$ und $h \perp k$ ist, dann ist ______.

38. Drei Geraden können sich in drei Punkten, in zwei Punkten, in einem Punkt oder gar nicht schneiden. Fertige zu jedem Fall eine Zeichnung an.

drei Schnittpunkte	ein Schnittpunkt
zwei Schnittpunkte	kein Schnittpunkt

39.
- Zeichne die Gerade *g* durch $(0|3)$ und $(3|0)$.
- Zeichne die Parallele *h* zu *g* durch $(0|4)$.
- Zeichne die Parallele *k* zu *g* durch $(0|6)$.
- Miss die Abstände der drei Parallelen voneinander auf 1 mm genau.

40.
- Zeichne das Dreieck mit den Eckpunkten $A(2|3)$, $B(6|2)$ und $C(4|5)$.
- Zeichne durch A die Parallele zu *BC*, durch *B* die Parallele zu *AC* und durch *C* die Parallele zu *AB*.
- Diese Parallelen erzeugen ein Dreieck. Gib den Eckpunkten Namen und lies ihre Koordinaten ab.

41. a) Zeichne in deinem Heft eine Gerade g und konstruiere sechs Punkte, die von g den Abstand 2 cm haben. Die Punkte sollen nicht alle auf einer Geraden liegen.

b) Wo liegen **alle** Punkte, die von g den Abstand 2 cm haben? Zeichne die Punktmenge in Farbe.

c) Wo liegen **alle** Punkte, die von g weniger als 2 cm entfernt sind? Markiere diese Punktmenge ebenfalls farbig.

42. Zeichne zwei parallele Geraden g und h, die den Abstand 34 mm haben. Konstruiere die Gerade, die von g und h denselben Abstand hat. Beschreibe die Lage dieser Geraden.

43. Zeichne das Viereck mit den Eckpunkten $A(0|1)$, $B(4|1)$, $C(9|7)$ und $D(1|7)$.
Miss auf 1 mm genau.

- die Länge der Diagonalen $\overline{AC}$:
- den Abstand der Punkte B und D:
- den Abstand der Parallelen AB und CD:
- den Abstand des Punktes B von AD:
- den Abstand des Punktes A von BD:
-

44. Die Abbildung zeigt eine Konstruktion in vier Schritten.

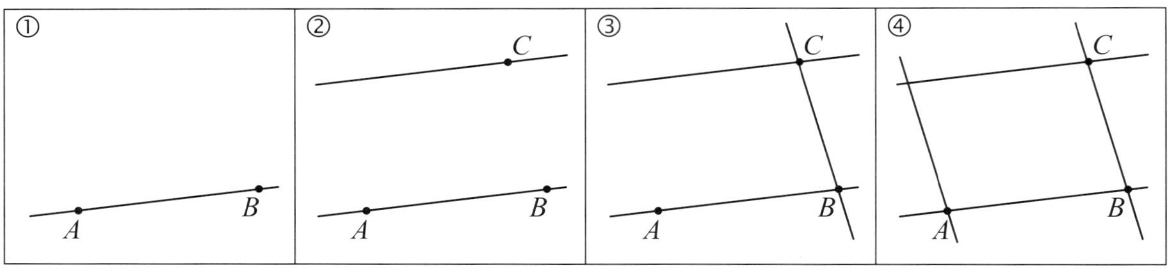

Beschreibe die Konstruktion.

①

②

③

④

45. Ein Viereck mit parallelen Gegenseiten heißt **Parallelogramm**.

a) Zeichne ein Parallelogramm, das die Eckpunkte $A(1|1)$, $B(6|1)$ und $C(5|4)$ hat. Welche Koordinaten hat der vierte Eckpunkt?

b) Untersuche, welche besonderen Eigenschaften ein Parallelogramm hat.

46. a)
- Zeichne das Viereck mit den Eckpunkten $A(0|3)$, $B(4|1)$, $C(8|5)$ und $D(2|7)$.
- Markiere die Mittelpunkte der Vierecksseiten und gib ihre Koordinaten an.
- Verbinde je zwei benachbarte Mittelpunkte durch Strecken.
- Es ist ein kleineres Viereck, das **Mittenviereck**, entstanden. Zeichne die Fläche des Mittenvierecks farbig.
- Was fällt dir an dem Mittenviereck auf?

b) Zeichne mit einer Geometriesoftware weitere Vierecke und konstruiere die zugehörigen Mittenvierecke. Prüfe, ob diese Mittenvierecke ebenfalls die in a) beobachtete Eigenschaft haben.

Schulweg

Peter, Paula und Maria sind Klassenkameraden und wohnen in der gleichen Straße. Am Ende der Straße liegt ihre Schule. Jeden Morgen gehen sie zu Fuß zur Schule, die um 8.15 Uhr beginnt.

Die Zeichnung zeigt, wo sie sich gestern zu verschiedenen Zeiten befunden haben.

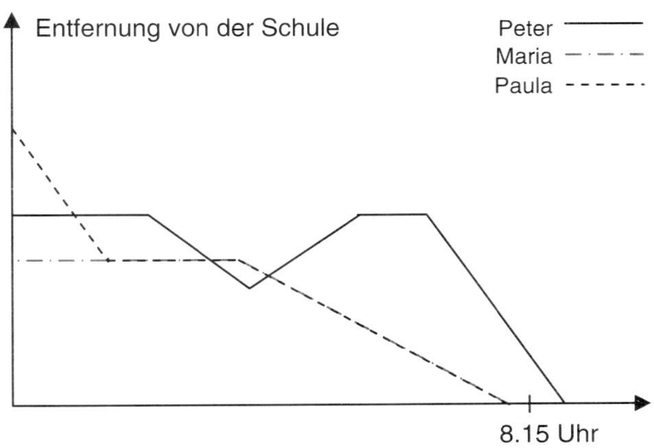

a) Können die folgenden Sätze stimmen? ja nein

	ja	nein
Peter wohnt am weitesten von der Schule entfernt.	☐	☐
Zusammen mit Maria geht Paula schneller als allein.	☐	☐
Maria ist noch nicht fertig, als Paula bei ihr vorbeikommt.	☐	☐

b) Schreibe eine kleine Geschichte zu Peters Schulweg.

Kreis

47. Silvester hat ein Problem.

Kannst du ihm helfen?

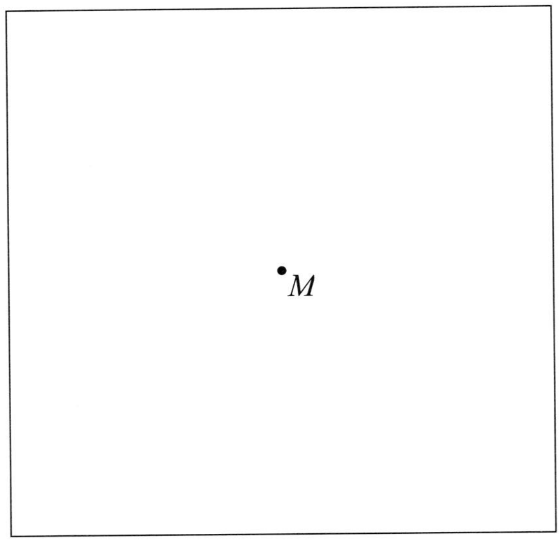

48. Nebenstehende Abbildung zeigt einen **Kreis** mit dem **Mittelpunkt** M und vier Punkte A, B, C und D auf dem Kreis.

a) Miss die Entfernung der vier Kreispunkte vom Mittelpunkt M.

b) • Wie weit ist A von B, C und D entfernt?
   • Markiere den Punkt auf dem Kreis, der von A am weitesten entfernt ist, und beschreibe seine Lage.

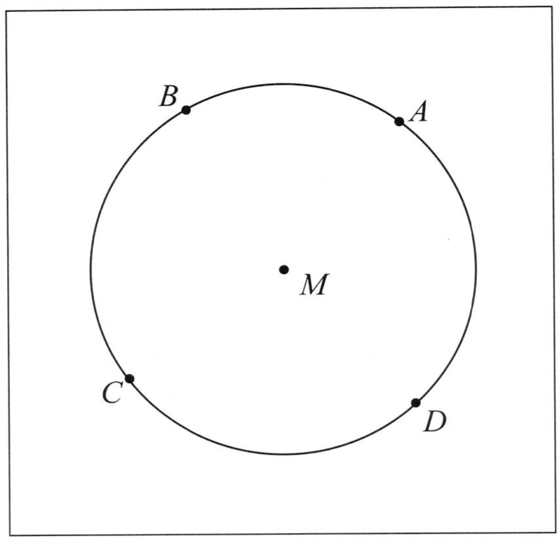

c) Wähle jeweils zwei Punkte innerhalb und außerhalb des Kreises und miss ihre Entfernung zu M.

Alle Punkte eines Kreises

Diese Entfernung heißt Radius des Kreises.

Das Doppelte des Radius heißt Durchmesser.

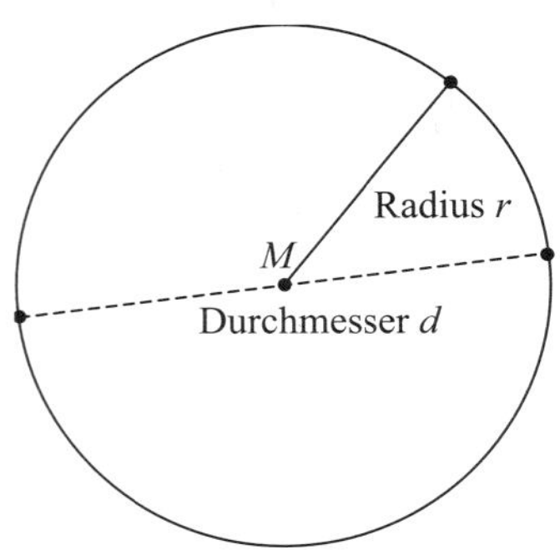

Alle Punkte innerhalb / außerhalb des Kreises

49. a) Zeichne im Heft den Kreis um $M(4|3)$, der durch den Punkt $P(6|1)$ geht. Miss den Radius und den Durchmesser des Kreises.

b) Füge die Gerade hinzu, die durch die Punkte $(1|0)$ und M verläuft. Lies die Koordinaten der Punkte ab, in denen die Gerade den Kreis schneidet.

50. a) Miss die Radien und Durchmesser der drei Kreise.

	k_1	k_2	k_3
r			
d			

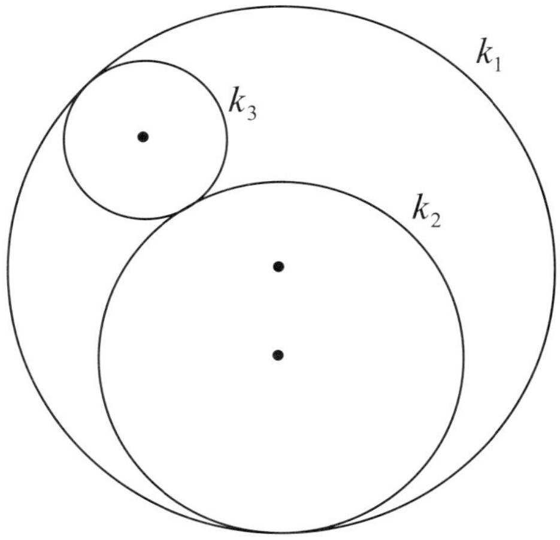

b) Füge den Kreis um den Mittelpunkt von k_1 hinzu, der durch den Mittelpunkt von k_3 geht, und miss seinen Radius.

51. Zeichne in den folgenden Kästen in Farbe

a) alle Punkte, die von M genau 21 mm entfernt sind,

b) alle Punkte, die von M höchstens 16 mm entfernt sind,

c) alle Punkte, die von M mehr als 23 mm entfernt sind,

d) alle Punkte, die von M mindestens 8 mm und weniger als 18 mm entfernt sind.

Und nun umgekehrt:

e)

a) M

b) M

c) M

d) M

e)

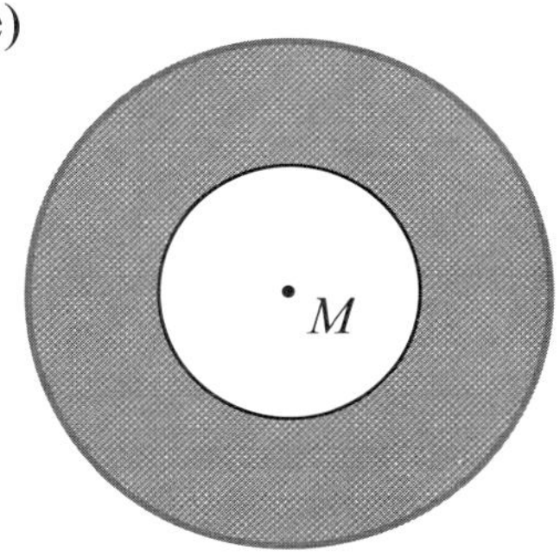

52. Betrachte die Landkarte.

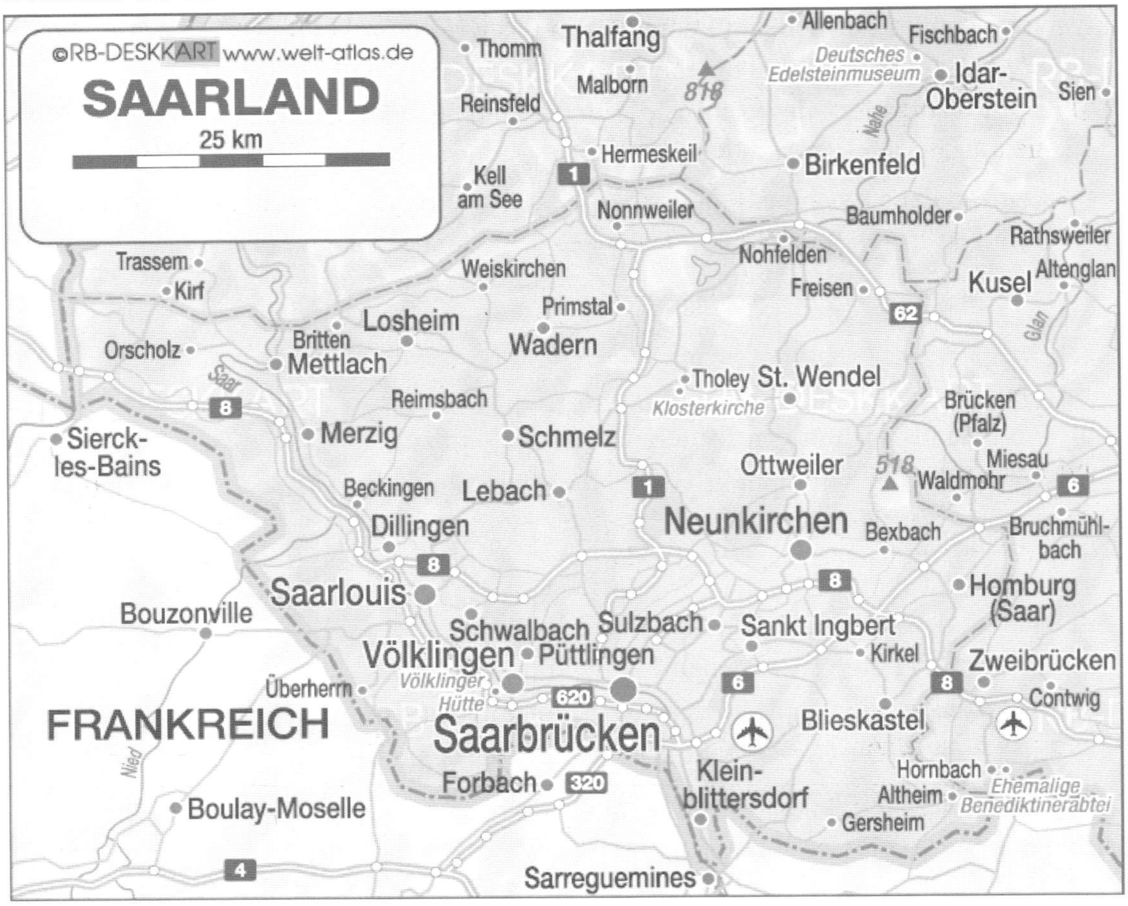

a) Zeichne *in der Karte* den Kreis um Saarbrücken mit Radius 25 km ein.

b) *In der Wirklichkeit* ist der Begriff „Kreis um Saarbrücken mit dem Radius 25 km" unscharf. Woran liegt das?

c) Gib alle Städte an, die von Saarbrücken (Luftlinie gemessen) weniger als 25 km entfernt sind?

d) Prüfe, ob das ganze Saarland im Kreis um Lebach mit Radius 30 km liegt.

e) Zeichne den kleinsten Kreis um Lebach, in dem das ganze Saarland liegt, und bestimme seinen Radius möglichst genau.

53. Punkte konstruieren

a) Konstruiere in nebenstehender Abbildung **mit dem Zirkel** alle Punkte, die von A 3 cm und gleichzeitig von B 2 cm entfernt sind.

b) Nun möchtest du die Punkte konstruieren, die von A und von B 2 cm entfernt sind.

Was beobachtest du?

Hättest du das Ergebnis vorhersagen können?

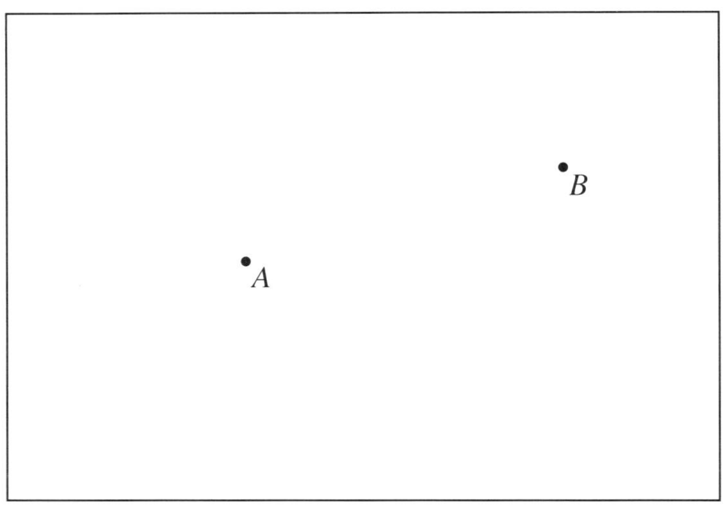

Weiter im Heft!

c) Zeichne zunächst zwei Punkte A und B mit $|\overline{AB}| = 6$ cm. Konstruiere mit dem **Zirkel** alle Punkte, die 3 cm von A und 5 cm von B entfernt sind.

d) Zeichne zunächst die Punkte $A(0|6)$, $B(4|0)$ und $P(5|4)$. Konstruiere alle Punkte, die auf der Geraden AB liegen und von P die Entfernung 35 mm haben.

e) Zeichne zunächst eine Strecke $\overline{PQ}$ von 7 cm Länge. Konstruiere alle Punkte, die von P höchstens 4 cm und von Q höchstens 5 cm entfernt sind.

54. Schnittmengen

In nebenstehender Abbildung ist $\{A, B\}$ die Menge der gemeinsamen Punkte von g und k. Die Menge heißt **Schnittmenge** von g und k, in Zeichen $g \cap k$ (lies: g geschnitten k).

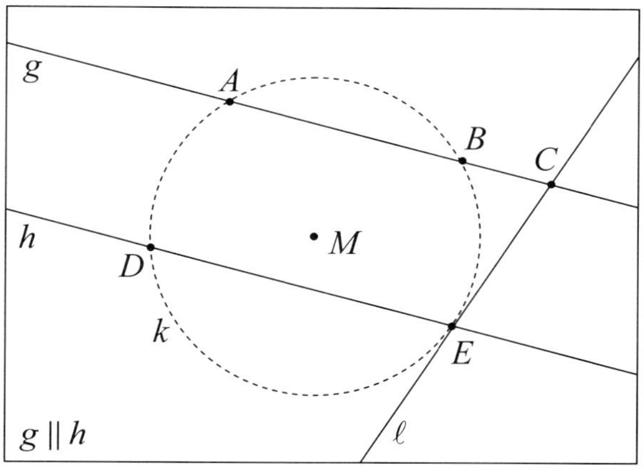

Gib die Schnittmengen an.

$g \cap k = \{A, B\}$	$\ell \cap k =$	$g \cap h =$
$h \cap k =$	$g \cap \ell =$	$h \cap k \cap \ell =$

55. Lagebeziehungen zweier Kreise

Verschiebe den Kreis k nach rechts und beschreibe mit einer Bildfolge die verschiedenen Lagebeziehungen zwischen den beiden Kreisen k und K.

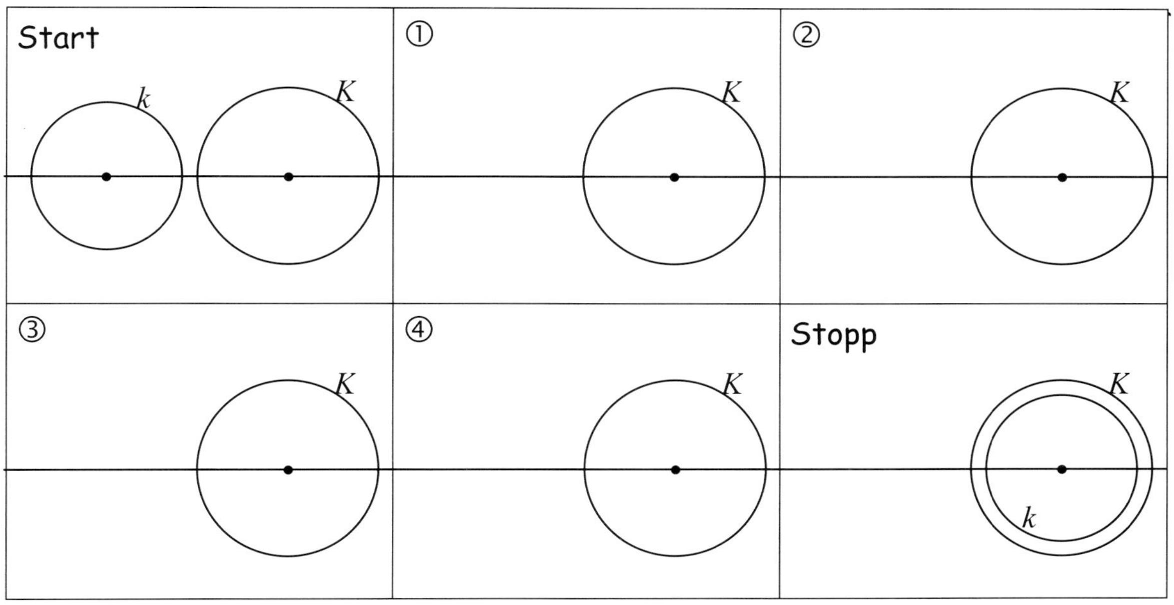

56. Zeichne die **Kreismuster** ab und male sie farbig aus.

a)

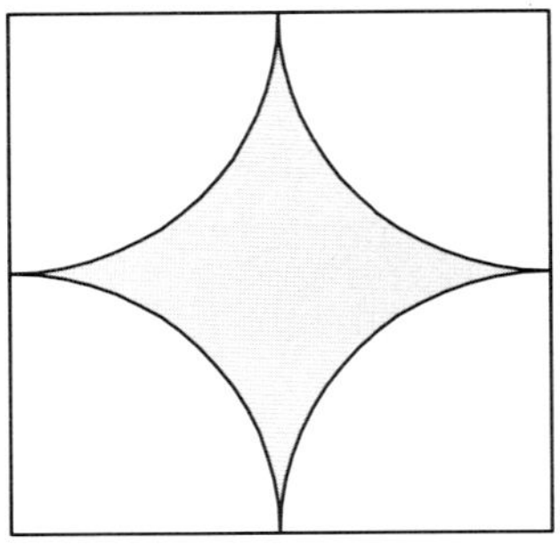

c)

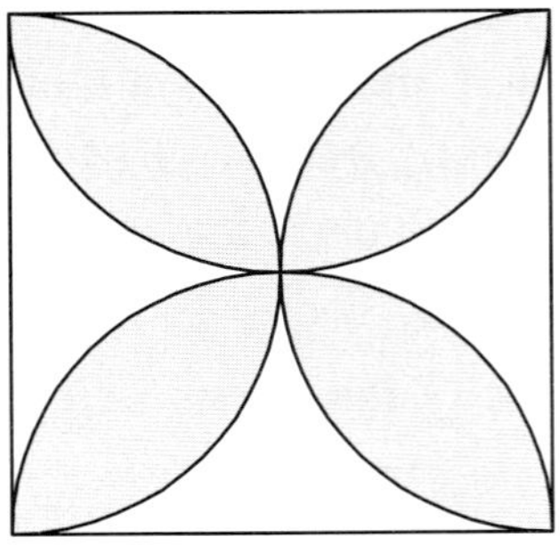

e)

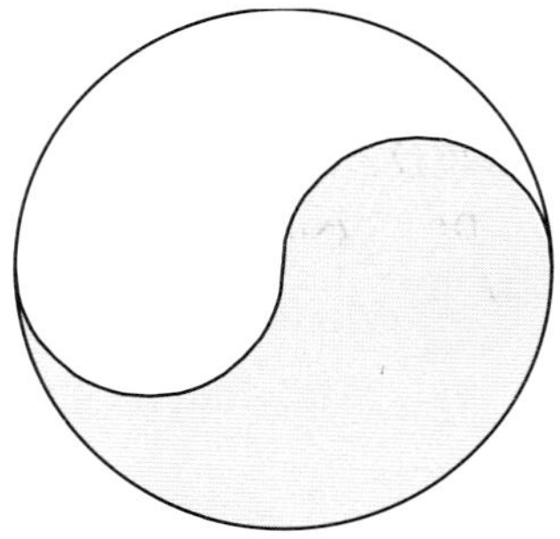

b)

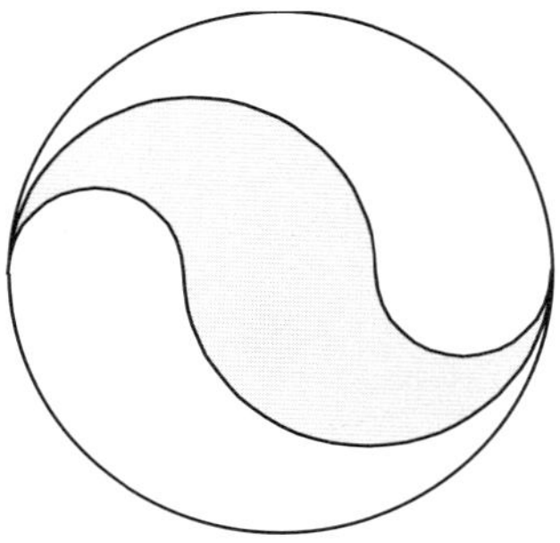

d)

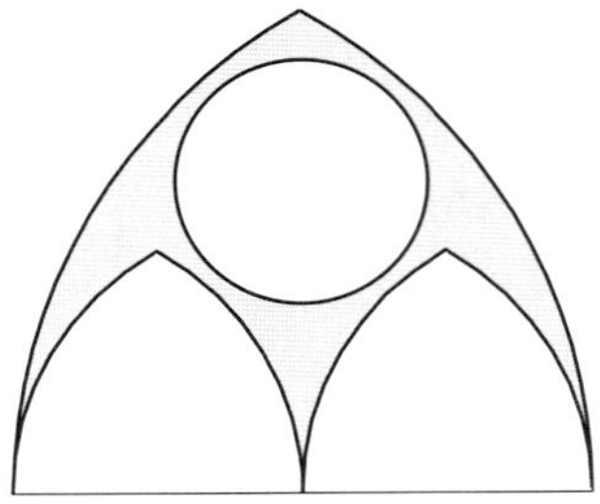

f)

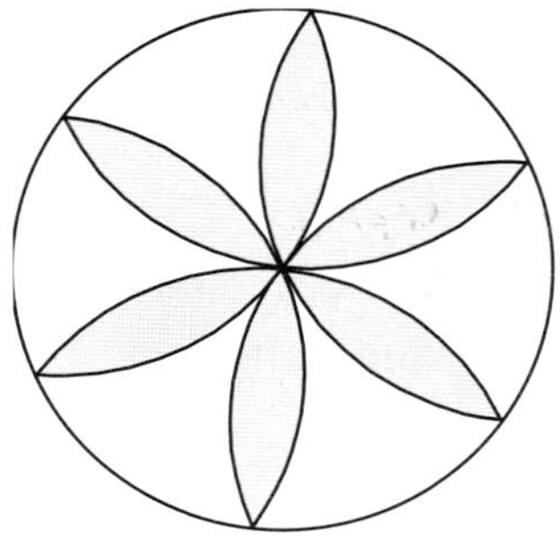

Erfinde selbst weitere Kreismuster!

Binäruhr

Eine binäre Uhr stellt die Uhrzeit mit Hilfe von Dualzahlen dar. Die Anzeige der Dualzahlen wird durch Leuchtdioden (LEDs) realisiert:

✹ = LED leuchtet ○ = LED leuchtet nicht

Binär-Uhr

	○		○		✹
	○	○	✹	✹	○
○	○	✹	✹	○	○
✹	○	✹	○	○	✹

10:36:49 Uhr

a) In nebenstehender Abbildung zeigt die Binäruhr die Uhrzeit 10:36:49 Uhr an. Erkläre, wie die Anzeige funktioniert.

b) Finde heraus, welche Uhrzeiten die beiden nachstehenden Binäruhren anzeigen.

	○		○		✹
	✹	✹	○	○	○
○	✹	○	✹	○	○
○	✹	✹	✹	✹	○

	○		○		○
	○	✹	✹	○	○
✹	○	○	○	✹	○
○	✹	○	✹	✹	○

c) Nebenstehende Uhr soll die Uhrzeit 23:58:27 Uhr anzeigen. Zeichne!

d) Stellt jedes Muster aus leuchtenden und nichtleuchtenden LEDs eine gültige Uhrzeit dar? Begründe deine Antwort.

	○		○		○
	○	○	○	○	○
○	○	○	○	○	○
○	○	○	○	○	○

Winkel

Eine Punktmenge, die von zwei Strahlen mit gemeinsamem Anfangspunkt begrenzt wird, heißt **Winkel**.

Wir kennzeichnen Winkel durch einen Kreisbogen.

Die beiden Strahlen heißen **Schenkel**, der gemeinsame Anfangspunkt heißt **Scheitel** des Winkels.

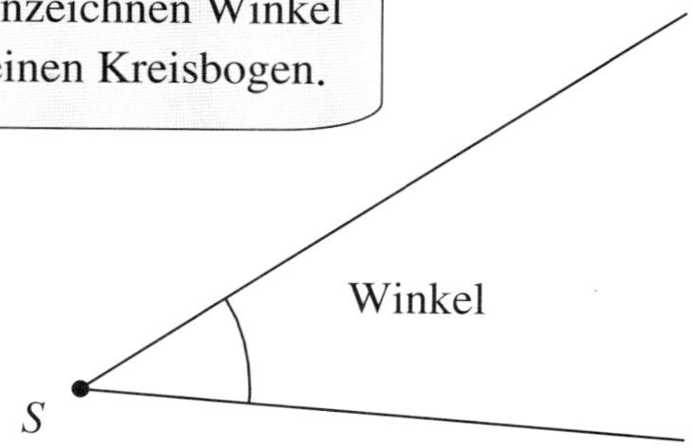

57. Welche der grauen Punktmengen sind Winkel? Begründe deine Antwort. Kennzeichne die Winkel durch Kreisbögen.

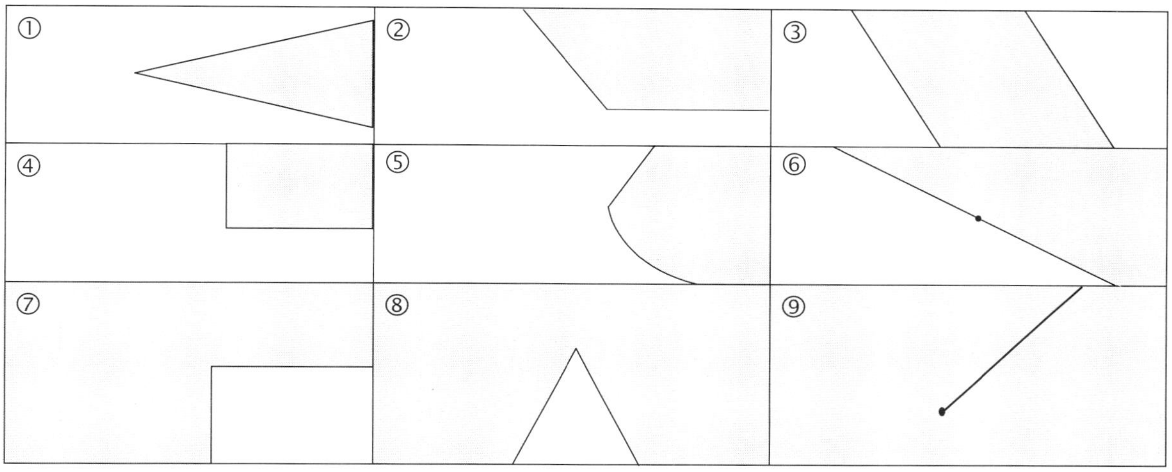

Du hast sicher erkannt, dass die Punktmengen in ④, ⑥ und ⑨ Winkel sind. Diese Winkel haben besondere Namen. Trage die Namen in das jeweilige Kästchen ein.

Winkelmessung

- Der gestreckte Winkel wird in 180 gleich große Teilwinkel, die **Einheitswinkel**, unterteilt.
- Die Einheitswinkel haben das Maß 1° (**1 Grad**).
- Einen **Winkel messen** heißt zählen, wie oft der Einheitswinkel in dem betreffenden Winkel enthalten ist.
- Die untere Abbildung zeigt, wie wir mit dem Geodreieck einen Winkel messen.

$\alpha \approx$ ______ .

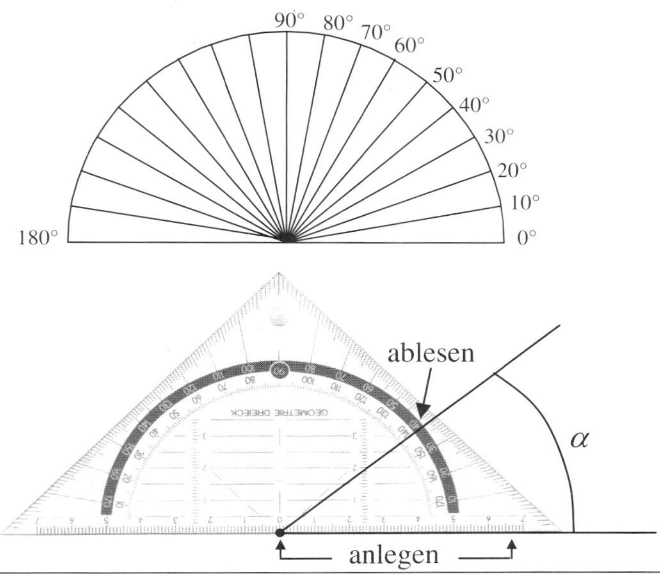

Winkelmaße werden mit kleinen griechischen Buchstaben bezeichnet:

α (alpha), β (beta), γ (gamma), δ (delta), ε (epsilon), φ (phi) .

Mit $\sphericalangle\alpha$ (lies: „Winkel α “) bezeichnet man einen Winkel, der das Maß α hat.

58. Miss die Winkel und notiere deine Ergebnisse in der Form $\alpha \approx \ldots$ im jeweiligen Kästchen.

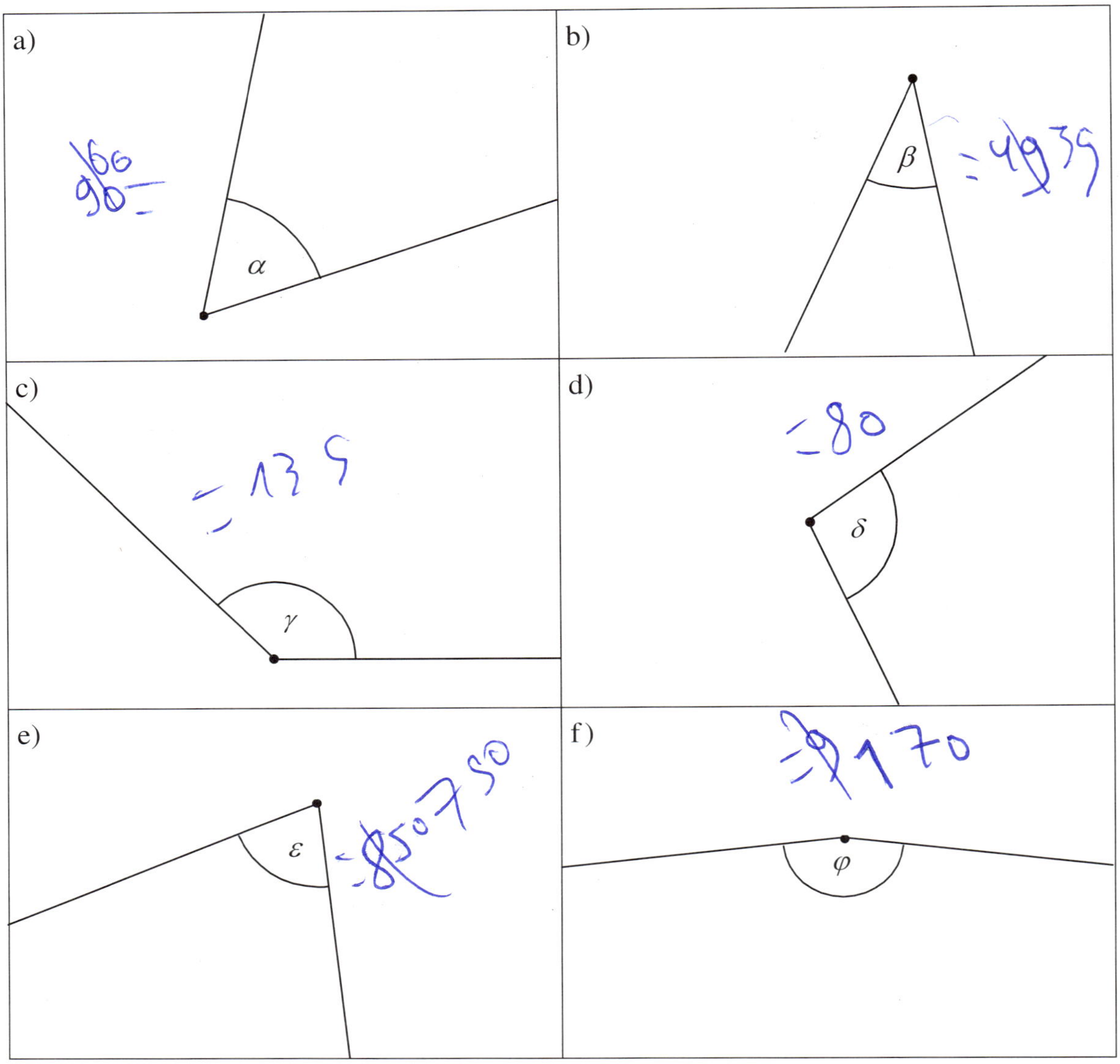

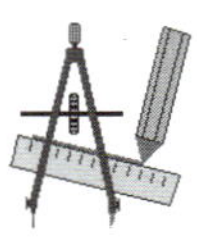

Viele Aspekte der Geometrie lassen sich mit einem Geometriekonstruktionsprogramm wie DynaGeo oder GeoGebra veranschaulichen und einüben.

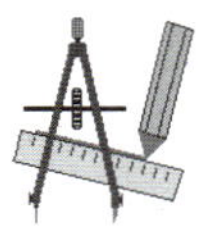

59. Einteilung der Winkel

Ergänze.

spitzer Winkel	rechter Winkel	stumpfer Winkel
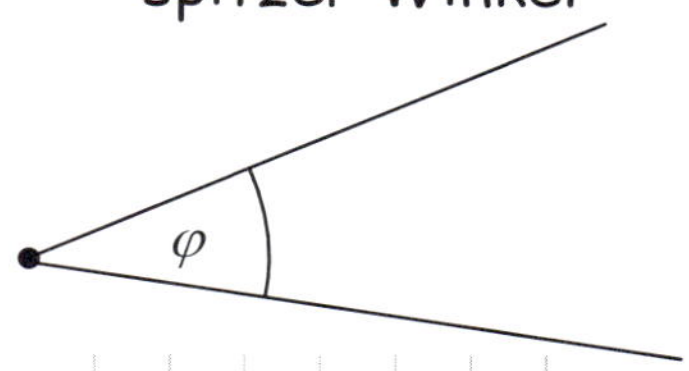	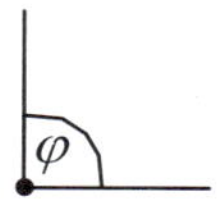	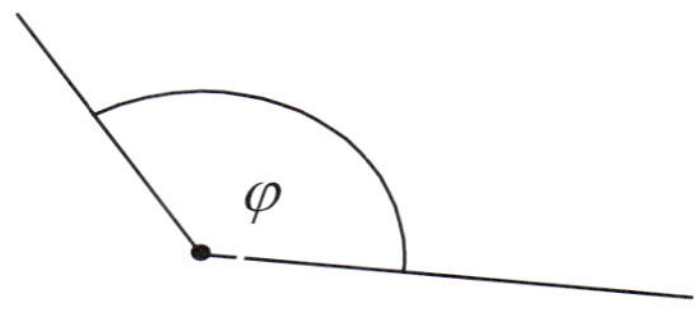
0 < φ < 90	φ = 90°	90° < φ < 180°
gestreckter Winkel	**überstumpfer Winkel**	**voller Winkel**
	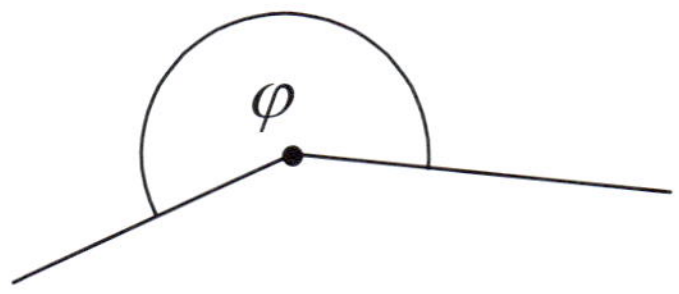	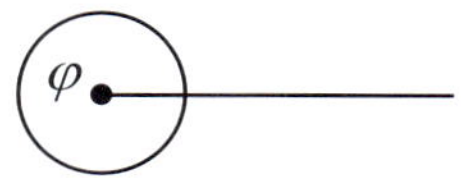
φ = 180°	180° < φ < 360°	φ = 360°

60. Winkel an einem Geradenkreuz

a) Bestimme die Maße der vier Winkel.

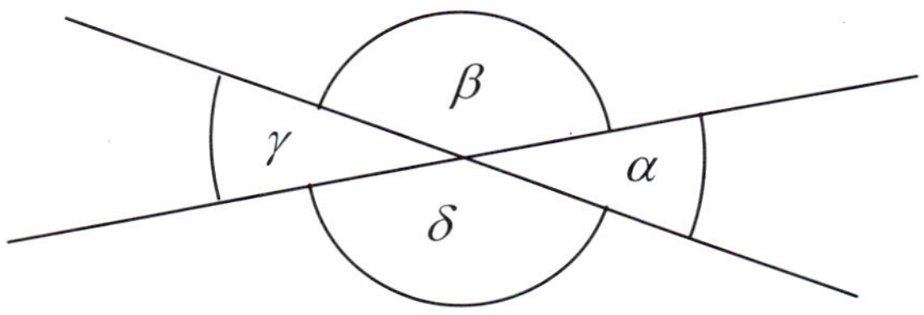

α	β	γ	δ

b) Zeichne ein Geradenkreuz mit vier maßgleichen Winkeln.

61. Winkel im Viereck

In dem abgebildeten Viereck sind fünf Winkel markiert. Entscheide bei jedem zunächst, ob er spitz oder stumpf ist, und bestimme dann sein Maß.

	α	β	γ	δ	ε
Typ	[illegible]	spitz	stumpf	stumpf	spitz
Maß	100°	[illegible]	95°	92°	77°

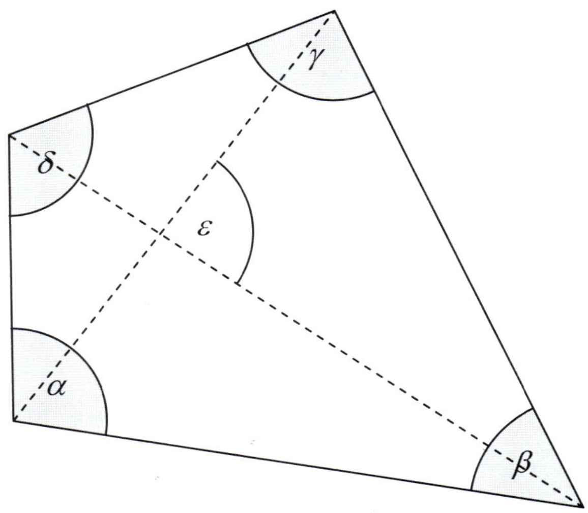

62. Winkel im Dreieck

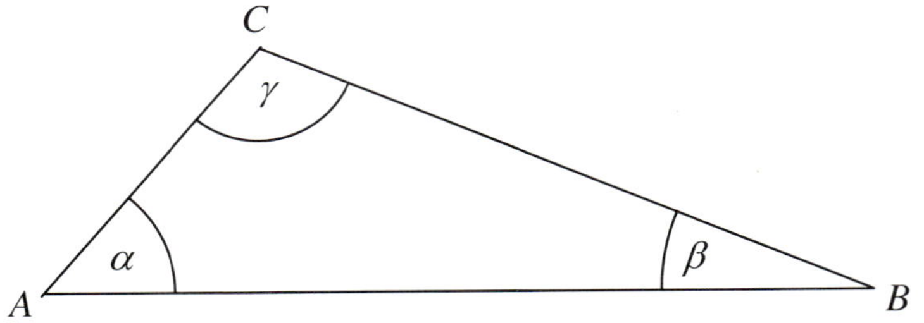

	α	β	γ
Schätzwert	50	170	10
Messwert	80	140	40 108
Summe	$\alpha+\beta+\gamma=$ 240 180		

a) Schätze die Winkelmaße α, β und γ und notiere die Ergebnisse in der Tabelle. Überprüfe deine Schätzwerte, indem du misst.

b) Berechne mit den Messwerten die Summe $\alpha+\beta+\gamma$.

c) Wie groß sind die Winkel in den Eckpunkten des Geodreiecks? Und die Winkelsumme?

63. Winkel im Kreis

a) Miss in der rechten Abbildung die gegebenen Winkel.

α	β	γ	δ	ε
68	68	68	112	136

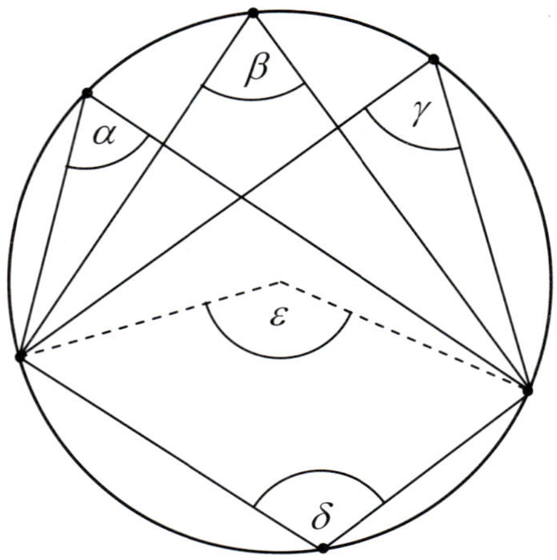

b) Erkennst du Zusammenhänge zwischen den Winkelmaßen?

64. Messen überstumpfer Winkel

a) Wurzel und Silvester zeigen dir, wie sie den **überstumpfen** Winkel α messen.

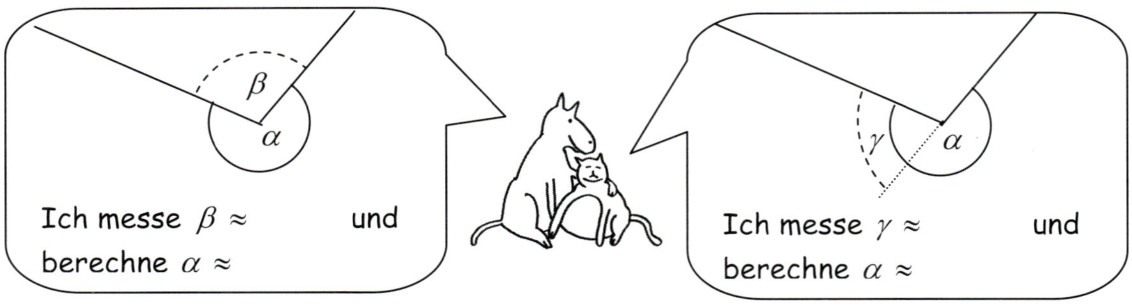

Beschreibe ihre Vorgehensweisen und bestimme das Winkelmaß α auf beide Arten.

b) Bestimme in nebenstehender Abbildung die Maße der markierten Winkel.

α	β	γ	δ
150	40	158	160

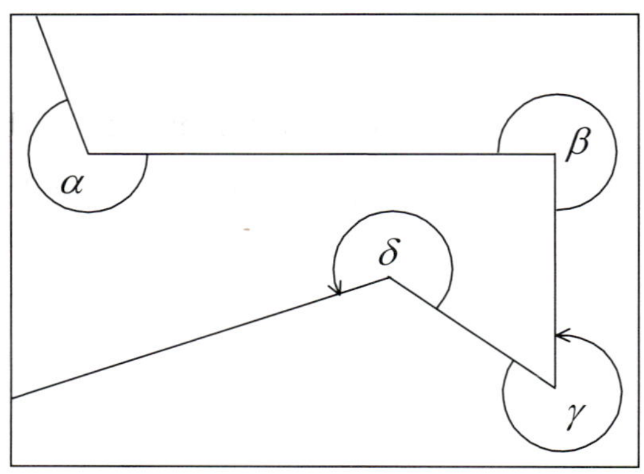

65. Zeichnen eines Winkels

a) Die Bildfolge zeigt, wie mit dem Geodreieck ein Winkel vom Maß 40° gezeichnet wird. Erkläre die einzelnen Schritte.

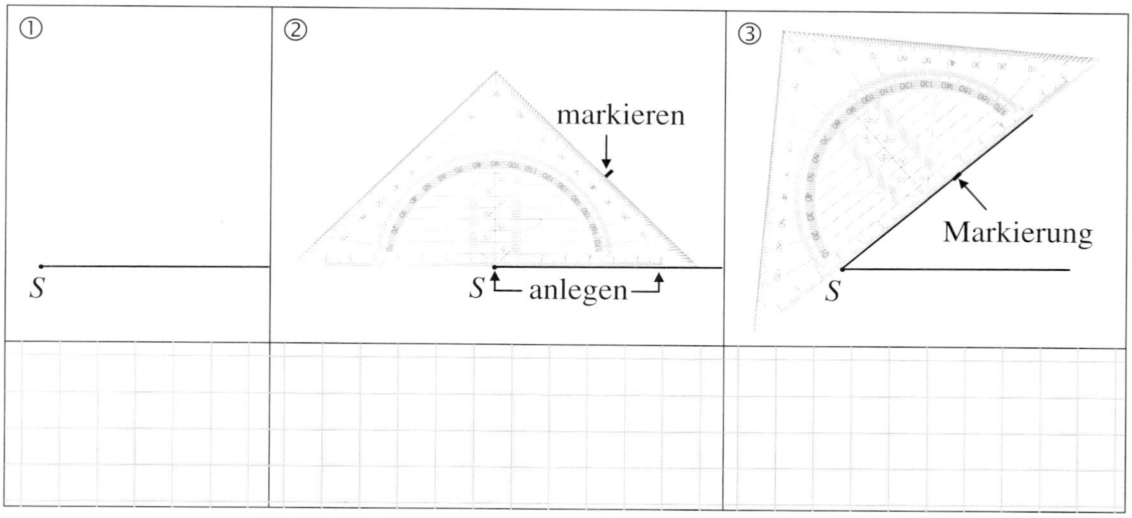

b) Zeichne einen Winkel mit dem Maß α .

- $\alpha = 18°$
- $\alpha = 75°$
- $\alpha = 100°$
- $\alpha = 240°$

c) Zeichne zunächst nach Augenmaß einen Winkel mit dem Maß φ, anschließend exakt in Farbe und prüfe, wie gut du gezeichnet hast.

- $\varphi = 30°$
- $\varphi = 45°$
- $\varphi = 60°$
- $\varphi = 120°$

66. Winkel antragen

Wurzel und Silvester lösen folgende Aufgabe:

Trage im Punkt *S* an den Strahl *g* einen Winkel vom Maß 35° an.

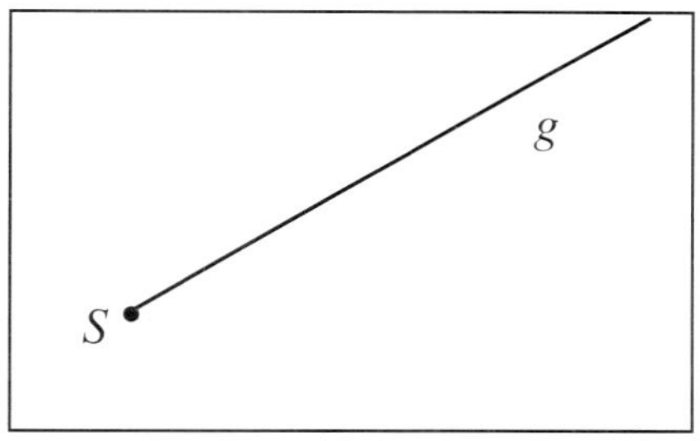

Hier siehst die Lösungen der beiden:

- Worin unterscheiden sich die beiden Lösungen? Sind beide Lösungen korrekt?
- Warum gibt es auf dem Geodreieck zwei Skalen für Winkelmaße?

67. a) Trage im Punkt S an den Strahl g einen Winkel vom Maß ε gegen den Uhrzeigersinn an.

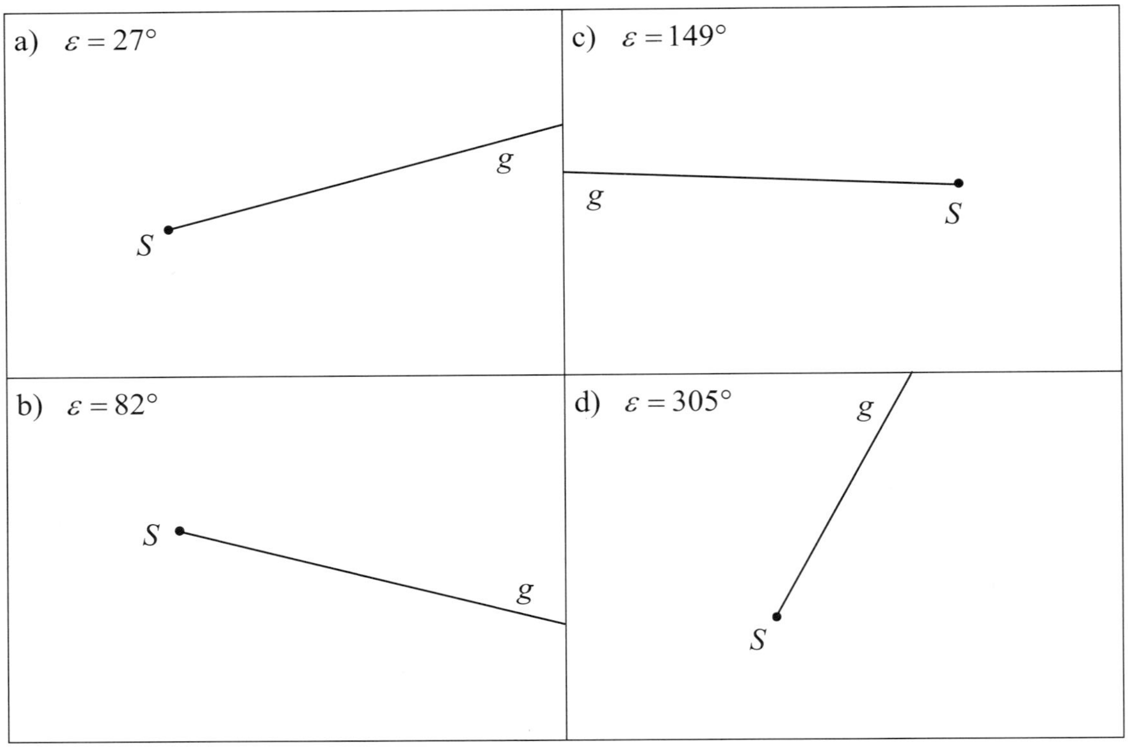

b) Füge in allen vier Fällen in einer anderen Farbe den im Uhrzeigersinn angetragenen Winkel hinzu.

68. Dreiecke konstruieren

Zeichne zunächst eine Strecke $\overline{AB}$ der Länge 8 cm.

Trage - wie in der Skizze rechts dargestellt - in den Punkten A und B an die Strecke Winkel vom Maß α und β an. Es entsteht das Dreieck ABC.

Miss den Winkel $\sphericalangle \gamma$ im Eckpunkt C.

a) $\alpha = 54°$ und $\beta = 36°$

b) $\alpha = 60°$ und $\beta = 60°$

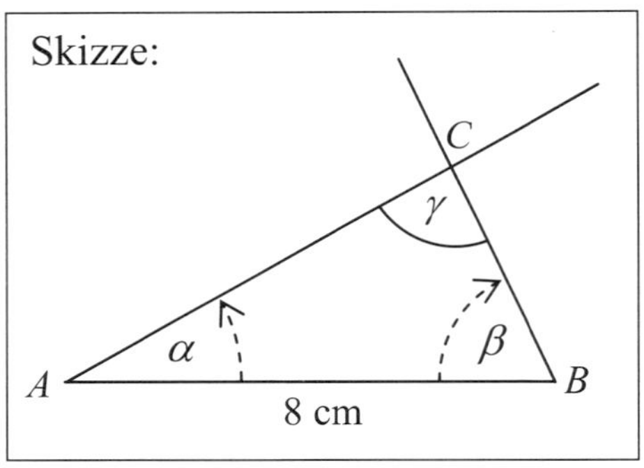

69. a) In der Abbildung ist eine Kreisfläche in sechs gleich große **Sektoren** zerlegt. Wie groß sind die **Mittelpunktswinkel**?

b) Zeichne im Heft einen Kreis und zerlege seine Fläche in neun gleich große Sektoren.

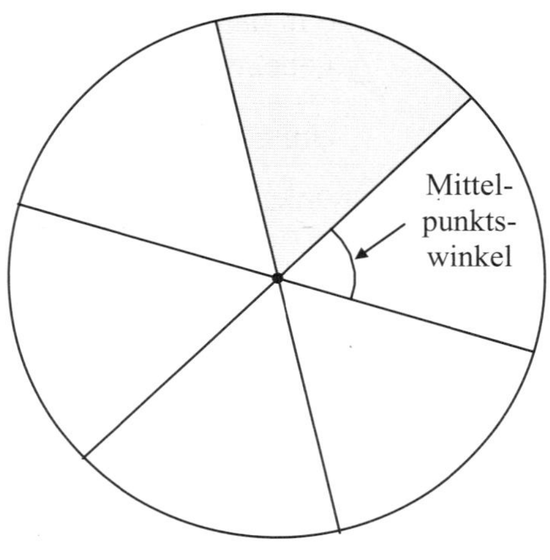

70. a) Zerlege die nebenstehende Kreisfläche in fünf gleich große Sektoren.

b) Markiere die Schnittpunkte der Schenkel der Mittelpunktswinkel mit dem Kreis und verbinde jeden dieser Schnittpunkte mit dem übernächsten Schnittpunkt durch eine Strecke.

Es entsteht ein **Sternfünfeck** oder auch **Pentagramm**.

c) Wie groß sind die Winkel in den Sternspitzen?

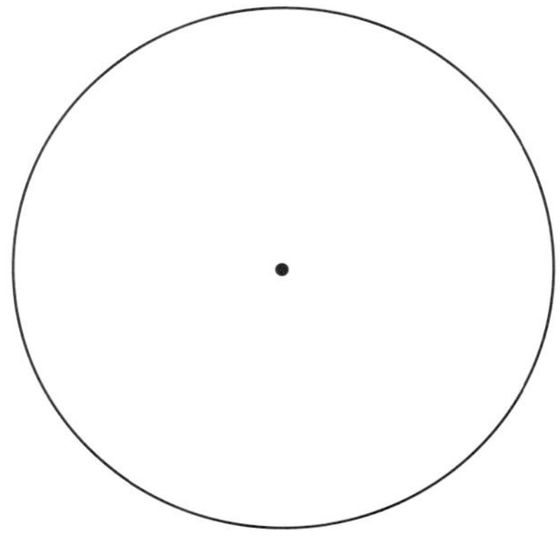

71. Eine Schiffsreise

Ein Schiff fährt zunächst 20 km nach Nordwesten, dreht dann um 30° im Uhrzeigersinn, dann nach 50 km um 125° im Uhrzeigersinn, dann nach weiteren 60 km um 20° gegen den Uhrzeigersinn und erreicht schließlich nach 30 km das Ziel.

a) Zeichne den Kurs des Schiffs im Maßstab 1:100000 (d. h. 1 cm in deiner Zeichnung entspricht 1 km in Wirklichkeit).

b) Wie lang ist der Weg, den das Schiff zurücklegt?
In welche Richtung fährt es auf der letzten Wegstrecke?
Wie weit sind Start- und Zielpunkt voneinander entfernt?

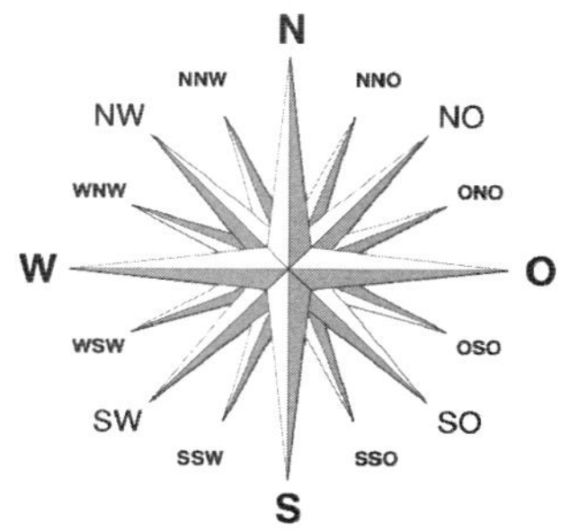

Windrose

72. Winkel an einer Zeigeruhr

a) Bestimme die Winkelmaße α und β in nebenstehender Abbildung.

b) Wie groß sind die Winkel, die der große und der kleine Zeiger während einer halben Stunde überstreichen?

c) Sei φ das Maß des Winkels, den der kleine Zeiger in der jeweiligen Zeitspanne überstreicht. Fülle aus:

Zeitspanne	1 h	6 min		4h 20min	
Winkelmaß φ			5°		231°

d) Trage in der Tabelle die Maße der Winkel ein, die der große und kleine Zeiger zu den angegebenen Uhrzeiten bilden.

Uhrzeit	2.00 Uhr	10.30 Uhr	18.20 Uhr	21.10 Uhr	12.06 Uhr
Winkelmaß					

e) Dans quel dessin l'angle des aiguilles mesure-t-il 150°?

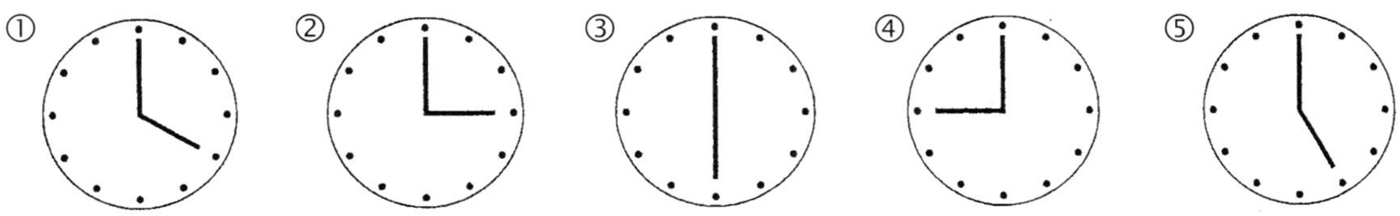

Rechteck

73. a) Konstruiere in deinem Heft ein Viereck *ABCD* nach folgender Vorschrift:

- Zeichne eine Strecke $\overline{AB}$ von 7 cm Länge.
- Errichte in *B* die Senkrechte zu $\overline{AB}$.
- Markiere auf der Senkrechten einen Punkt *C*, der von *B* 4 cm entfernt ist.
- Errichte in *C* die Senkrechte zu $\overline{BC}$.
- Errichte in *A* die Senkrechte zu $\overline{AB}$.

Die beiden zuletzt genannten Senkrechten schneiden sich in einem Punkt *D*.

b) Das Viereck *ABCD* ist ein **Rechteck**. Woran erkennst du ein Rechteck? Ergänze.

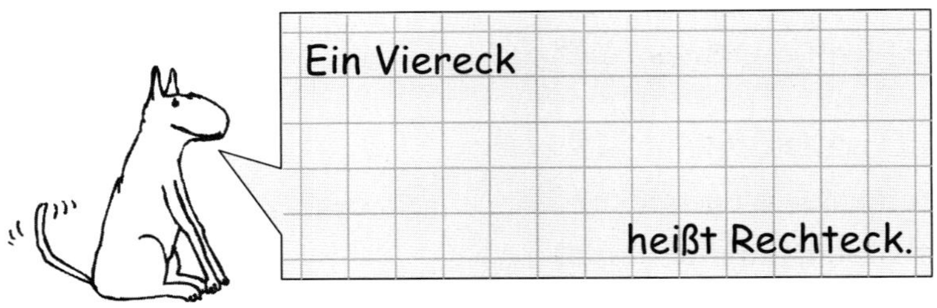

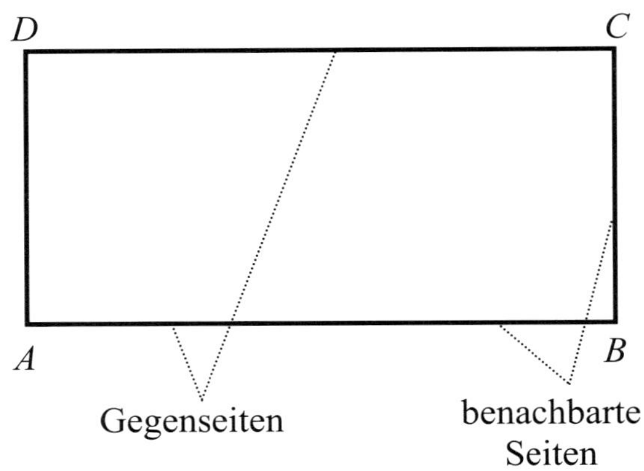

74. Zeichne das Viereck mit den Eckpunkten *A*, *B*, *C*, *D* und prüfe, ob es ein Rechteck ist.

a) $A(1|5)$, $B(5|1)$, $C(7|3)$, $D(3|7)$

b) $A(1|1)$, $B(5|1)$, $C(6|4)$, $D(1|4)$

c) $A(3|0)$, $B(7|4)$, $C(5|7)$, $D(1|3)$

d) $A(2|0)$, $B(6|2)$, $C(4|6)$, $D(0|4)$

75. Eigenschaften des Rechtecks

Betrachte das oben abgebildete Rechteck.

a) Vergleiche die Gegenseiten.

b) Zeichne die Diagonalen ein. Was fällt dir an den Diagonalen auf?

c) Begründe: Es gibt einen Kreis, der durch die vier Eckpunkte geht.
Zeichne diesen sogenannten **Umkreis**.

d) Ergänze.

Im Rechteck sind

- die Gegenseiten
- die Diagonalen

Das Rechteck hat einen

76. Rechtecke konstruieren

a)
- Zeichne ein Rechteck mit den Seitenlängen 6,8 cm und 4,5 cm.
- Zeichne den Umkreis des Rechtecks.
- Miss die Längen der Diagonalen.
- Miss einen der Winkel, unter denen sich die Diagonalen schneiden. Wie groß sind die anderen Winkel?

b) Konstruiere ein Rechteck mit den Seitenlängen $a = 32\,\text{mm}$ und $b = 47\,\text{mm}$ und seinen Umkreis. Beschreibe die Konstruktion.

77. Umfang des Rechtecks

a) Ein rechteckiges Gartengrundstück - 30 m lang und 15 m breit - soll vollständig eingezäunt werden. Wie viel Meter Zaun braucht man?

b) Gib einen Term an, mit dem du den Umfang eines Rechtecks mit den Seitenlängen a und b berechnen kannst.

U =

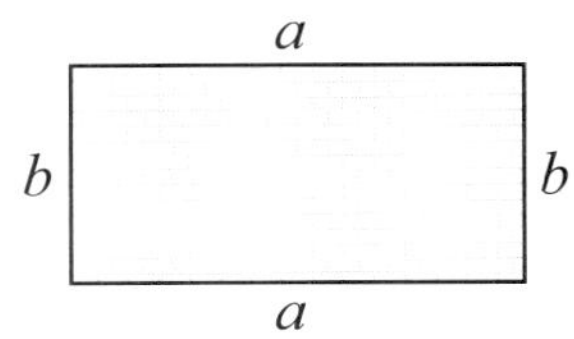

c) Begründe Wurzels Formel.

Umfang des Rechtecks
$U = 2 \cdot (a + b)$

d) Silvester soll den Umfang eines Rechtecks mit den Seitenlängen $a = 7\,\text{m}$ und $b = 4\,\text{m}$ berechnen. Hilf ihm.

U =

=

e) Berechne den Umfang.

① $a = 8\,\text{cm}$; $b = 6\,\text{cm}$

② $a = 75\,\text{m}$; $b = 125\,\text{m}$

③ $a = 1{,}5\,\text{m}$; $b = 2{,}8\,\text{m}$

④ $a = 4{,}2\,\text{km}$; $b = 2650\,\text{m}$

78. a) Zeichne ein Rechteck mit dem Umfang 14 cm.

b) Was hältst du von Silvesters Wahl?

c) Zeichne noch mindestens drei weitere Rechtecke mit dem Umfang 14 cm.

d) Hast du schon $a = 3{,}5\,\text{cm}$ ausprobiert? Dann mal los!

Wähle eine Seitenlänge, z. B. $a = 5\,\text{cm}$, und bestimme b dazu passend.

Ich wähle $a = 8\,\text{cm}$!

79. Von einem Rechteck sind der Umfang und eine Seitenlänge gegeben.
Gesucht ist die andere Seitenlänge.

a) Erkläre Wurzels Rechnung.

$$U = 50\,\text{m};\; b = 9\,\text{m}$$
$$2\cdot(a+b) = U$$
$$2\cdot(a+9\,\text{m}) = 50\,\text{m}$$
$$a+9\,\text{m} = 25\,\text{m}$$
$$a = 16\,\text{m}$$

b) Rechne die folgenden Aufgaben in deinem Heft.
Die Ergebnisse kannst du hier eintragen.

	①	②	③	④
U	36 m	42 cm	8,6 km	6 cm 8 mm
a	6 m		1,5 km	
b		7 cm		17 mm

80. Bauer Mecke möchte ein rechteckiges Stück Land einzäunen, das 38 m breit und 65 m lang ist. Für die Einfahrt bleiben 6 m frei. Ein Meter Zaun kostet 16 €.
Wie teuer wird der Zaun?

81. Am Rand eines rechteckigen Grundstücks, das 54 m lang und 30 m breit ist, sollen im Abstand von 3 m Fichten gepflanzt werden.

a) Fertige eine Zeichnung im Maßstab 1 : 600 an (1 cm in der Zeichnung = 600 cm in der Natur).

b) Rechne aus, wie viele Fichten benötigt werden.

82. Um ein rechteckiges Gartenbeet herum verläuft ein Weg, der überall gleich breit ist.

Der äußere Umfang ist um 10 m länger als der innere Umfang.

Wie breit ist der Weg?

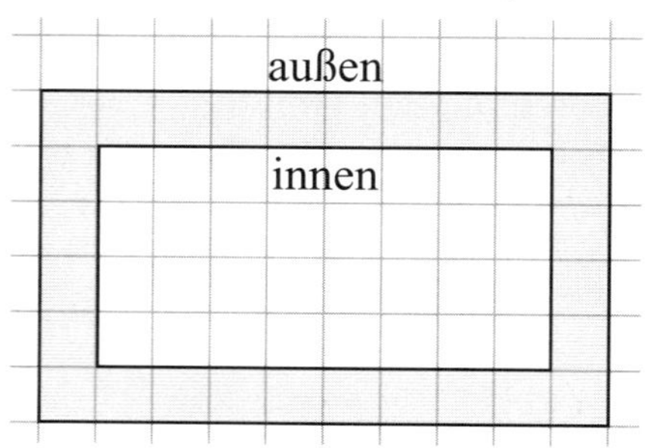

83. Zum Knobeln

Zeichne das Dreieck mit den Eckpunkten $A(0|0)$, $B(8|0)$ und $C(3|6)$ und schneide es aus. Versuche dann, das Dreieck so zu zerschneiden, dass du mit den Teilen ein Rechteck legen kannst.

Quadrat

84. a) Zeichne das Viereck mit den Eckpunkten $A(1|1)$, $B(5|1)$, $C(5|5)$ und $D(1|5)$. Um was für ein Viereck handelt es sich?

b) Ein Quadrat ist ein Rechteck mit einer besonderen Eigenschaft. Ergänze.

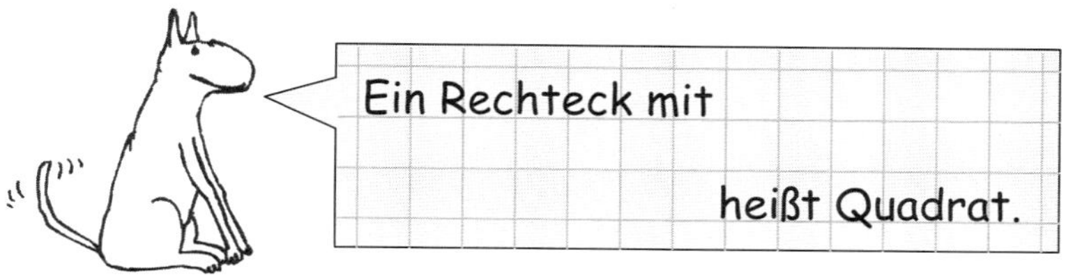

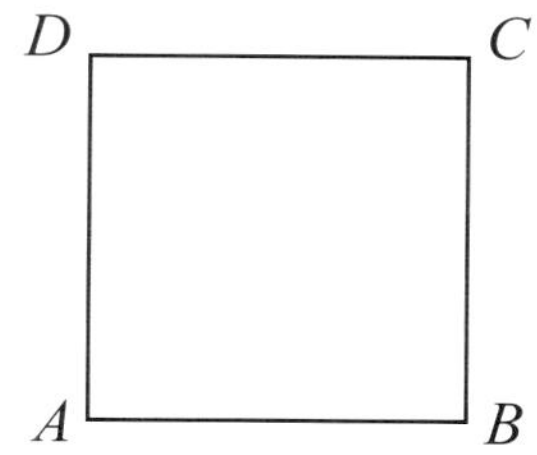

c) Berechne den Umfang des Vierecks.

85. Zeichne das Viereck mit den Eckpunkten A, B, C, D und prüfe, ob es ein Quadrat ist.

a) $A(4|0)$, $B(8|3)$, $C(4|6)$, $D(0|3)$ b) $A(4|0)$, $B(7|4)$, $C(3|7)$, $D(0|3)$

86. a) Zeichne ein Quadrat mit der Seitenlänge 5 cm. Beschreibe deine Konstruktion.

b) Miss die Länge der Diagonalen.

c) Welche Eigenschaften haben die Diagonalen im Quadrat?

87. Umfang des Quadrates

a) Berechne den Umfang eines Quadrates mit der Seitenlänge a.

a	12 cm	4,5 km	6,25 m
U			

b) Ein Quadrat hat den Umfang U. Wie lang ist seine Seite?

U	140 m	9,6 km	27cm 2mm
a			

88. Die Figuren A, B, C und D sind Quadrate.

Quadrat A hat den Umfang 16 cm, Quadrat B den Umfang 24 cm.

Welchen Umfang hat das Quadrat D?

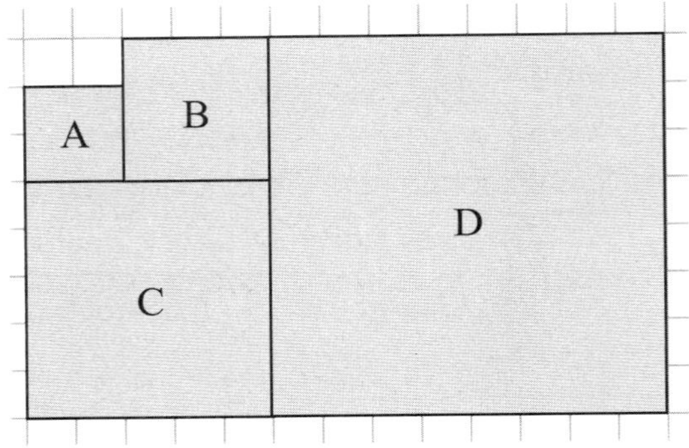

89. Wahr oder falsch?

- Jedes Quadrat ist ein Rechteck. ☐
- Jedes Rechteck ist ein Quadrat. ☐
- Ein Viereck mit vier gleich langen Seiten ist ein Quadrat. ☐
- Ein Quadrat hat vier gleich lange Seiten. ☐
- Ein Viereck, dessen Diagonalen aufeinander senkrecht stehen, ist ein Quadrat. ☐
- Im Quadrat sind die Diagonalen gleich lang und zueinander senkrecht. ☐
- Jedes Quadrat hat einen Umkreis. ☐
- Ein Viereck, das einen Umkreis hat, ist ein Rechteck. ☐

90. Die Kreise in nebenstehender Abbildung haben alle den Durchmesser 6 cm und sind von einem Quadrat umgeben. Das Quadrat ist von gleichseitigen Dreiecken eingefasst.

Bestimme den Umfang des Sterns.

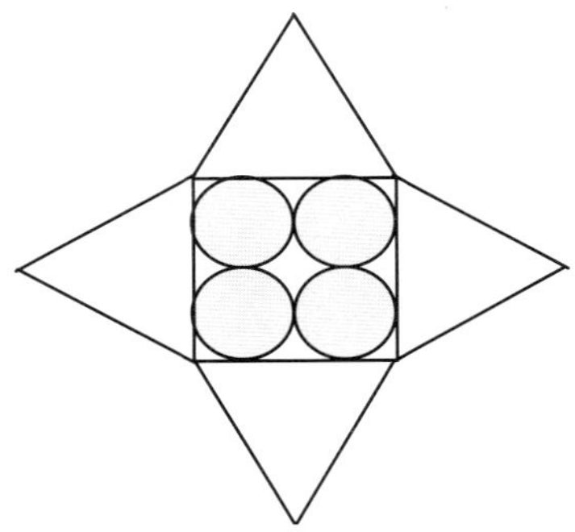

91. Ein quadratisches Stück Papier wird in drei Teile geschnitten. Zwei davon sind rechts abgebildet.

Welche Gestalt ① - ⑤ kann das fehlende Stück nicht haben?

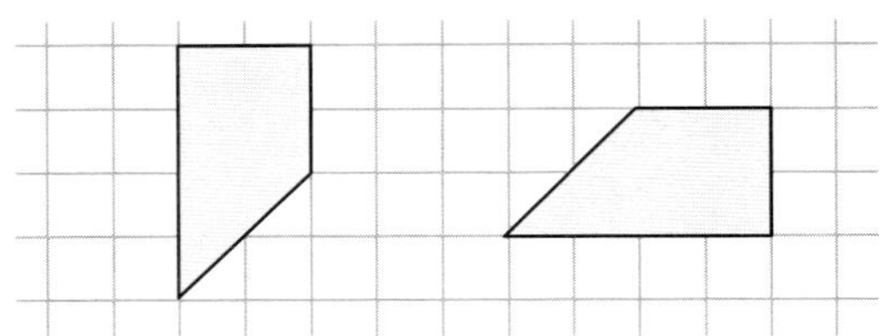

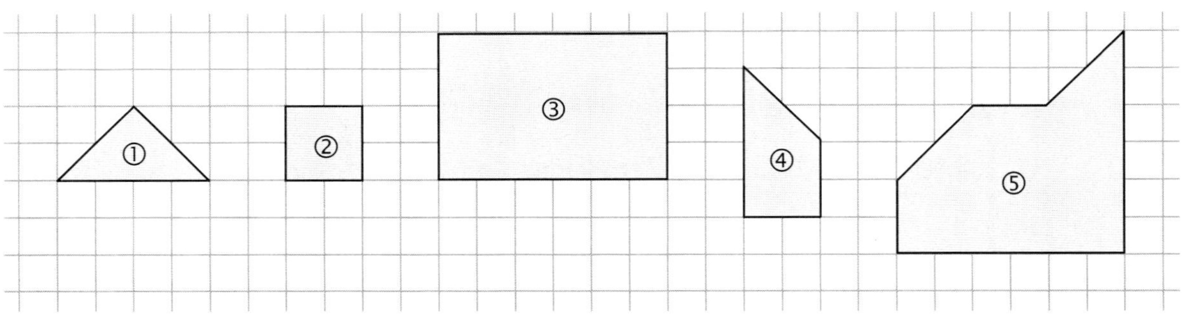

92. Silvester möchte das Rechteck, das 7 Kästchen lang und 6 Kästchen breit ist, so in Quadrate zerschneiden, dass keines der Kästchen zerschnitten wird.

Er könnte es in höchstens $6 \cdot 7 = 42$ Quadrate zerschneiden. Aber er möchte es in möglichst wenig Quadrate zerschneiden.

Kannst du ihm helfen?

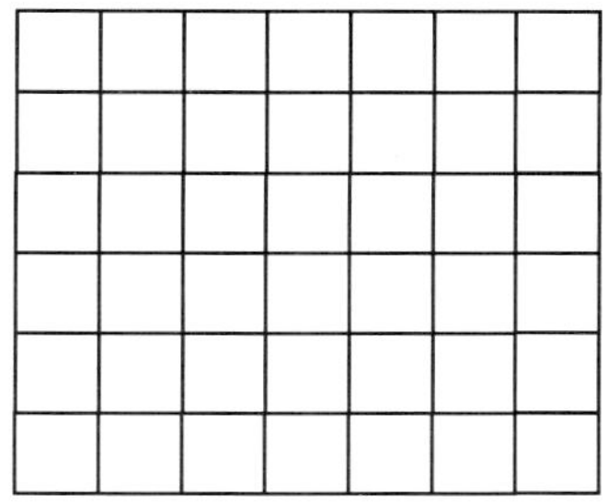

93. Regelmäßige *n*-Ecke

a) Konstruiere in nebenstehender Abbildung vier Kreispunkte, die den Kreis in vier gleich große Sektoren zerlegen (vergleiche Aufgabe 69).

Verbinde die benachbarten Punkte miteinander. Was für ein Viereck entsteht?

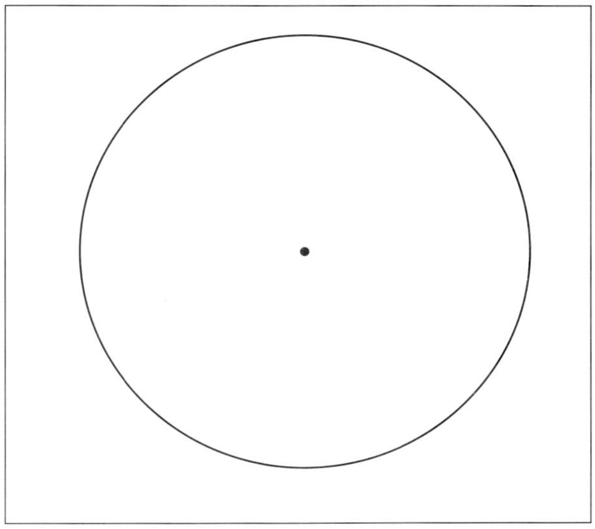

b) In derselben Weise kannst du Dreiecke, Fünfecke, Sechsecke usw. konstruieren. Führe im Heft diese Konstruktion für Dreieck, Fünfeck und Sechseck durch.

c) Die so konstruierten Figuren heißen **regelmäßige *n*-Ecke**. Aus welchem Grund?

94. a) Wurzel hat ein regelmäßiges Achteck dreimal gefaltet. Danach hat sie, wie es die Zeichnung zeigt, die Ecke abgeschnitten.

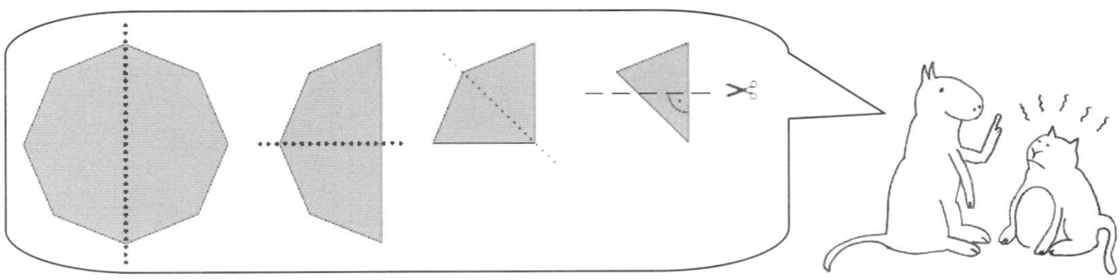

Welches Bild zeigt das nach dem Abschneiden auseinandergefaltete Achteck?

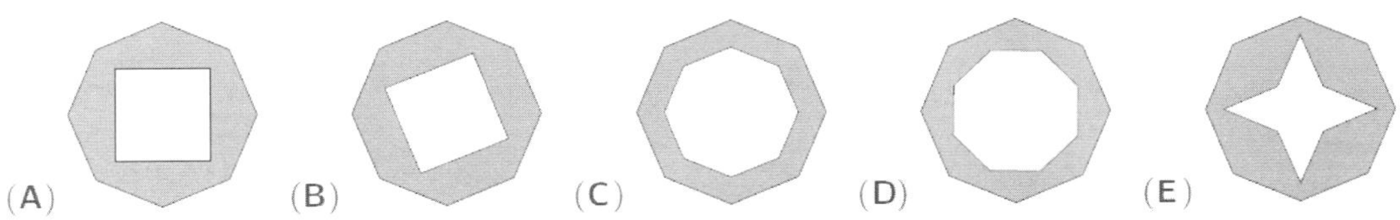

b) Überprüfe deine Antwort, indem du die Figur selbst herstellst.

Zeichne zunächst auf ein Blatt Papier ein regelmäßiges Achteck (wähle 6 cm als Umkreisradius) und schneide es aus.

Kreisumfang 

95. Arbeitsteilig zu lösende Aufgabe

Schneide aus Pappe eine Kreisscheibe mit Durchmesser *d* und miss mit einem Faden und einem Lineal den Umfang der Scheibe.

Durchmesser d in cm	Umfang U in cm	U : d (auf 2 Dezimalen gerundet)
6		
8		
10		
12		
14		
16		
18		
20		

Auswertung:

Umfang eines Kreises mit dem Radius r: .

Die Zahl π (pi) heißt Kreiszahl .

Näherungswert: $\pi \approx$.

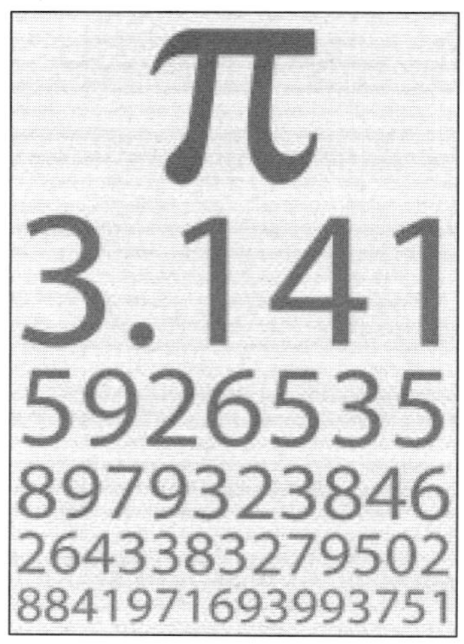

96. Berechne den Umfang eines Kreises mit dem Radius r.

a) r = 18 cm

U = 2 · π · r ≈

NR: 3,1 4 ·

Weiter im Heft!

b) $r = 1\,\text{m}$ c) $r = 43\,\text{cm}$ d) $r = 35\,\text{mm}$ e) $r = 6370\,\text{km}$ (Erdradius)

97. Von einem Kreis ist der Umfang gegeben. Gesucht ist sein Durchmesser.

a) Erkläre Wurzels Rechnung.

$U = 47{,}1\,\text{cm}$

$3{,}14 \cdot d \approx 47{,}1\,\text{cm}$

$314 \cdot d \approx 4710\,\text{cm}$

$d \approx 4710\,\text{cm} : 314$

$d \approx 15\,\text{cm}$

b) Verfahre entsprechend.

- $U = 9{,}42$ m
- $U = 78{,}5$ cm
- $U = 14{,}13$ km

98. Die Abbildung zeigt eine halbe und eine viertel Kreisscheibe.

a) Berechne die Länge des Halbkreis- und des Viertelkreisbogens (sinnvoll runden).

b) Berechne die Umfänge der beiden Figuren.

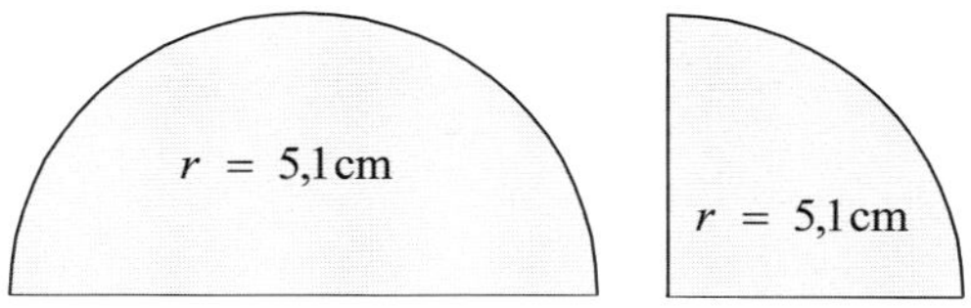

99. Berechne die Umfänge der Figuren.

a)

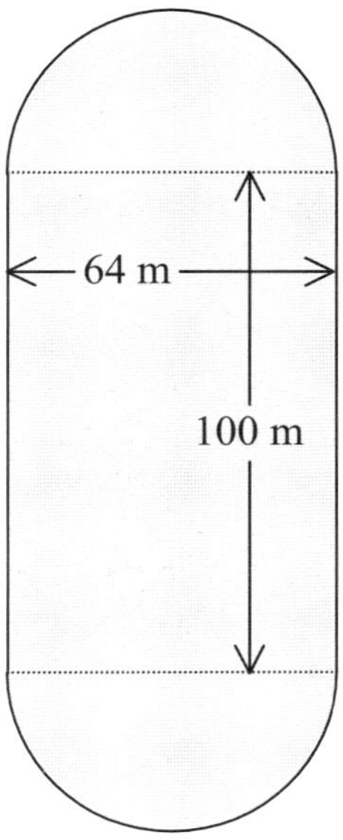

b)

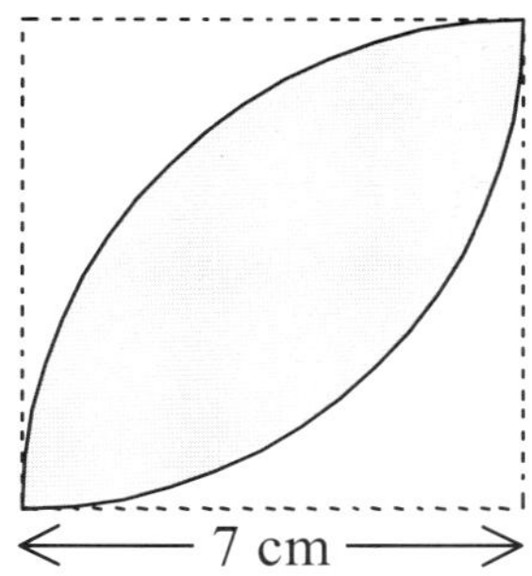

c)

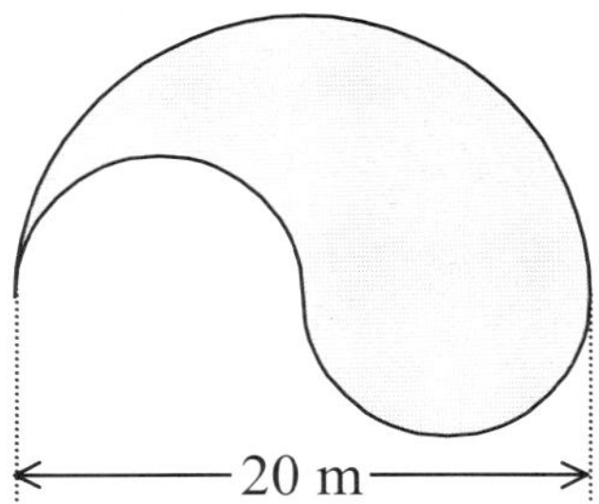

d)

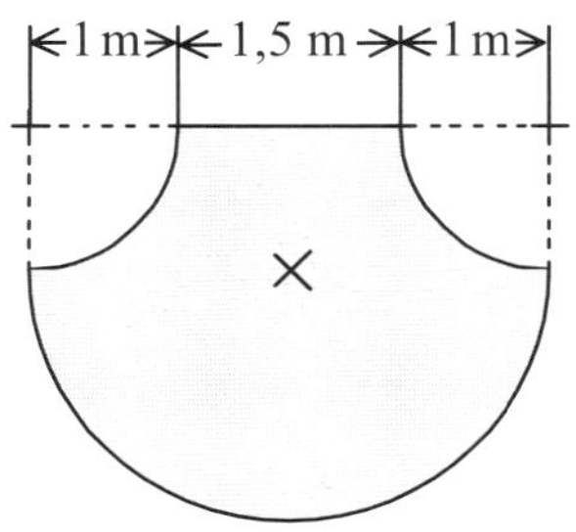

e)

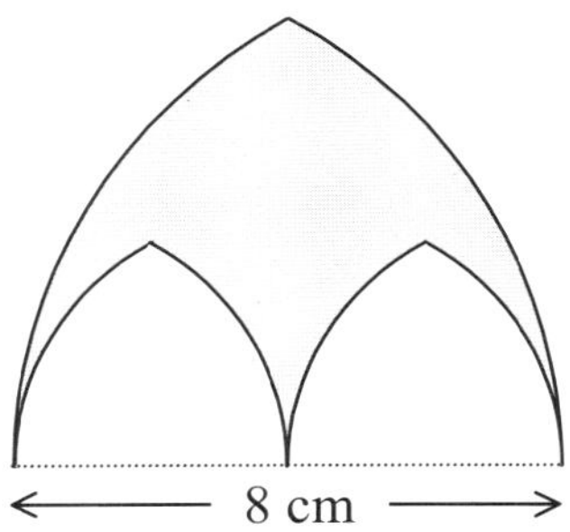

100. Eine zylinderförmige Dose hat den Durchmesser 10 cm. Philipp wickelt sorgfältig eine 220 cm lange Schnur um die Dose.

Wie viele Wicklungen erhält er?

101. Die Bahn der Erde um die Sonne ist ungefähr ein Kreis mit dem Radius 150 Millionen km.

a) Welchen Weg legt die Erde bei ihrer Bahn um die Sonne in einem Jahr zurück?

b) Berechne den Weg, den die Erde in 1 s zurücklegt.

c) Gib die Geschwindigkeit der Erde in $^{km}/_{s}$ an.

102. a) Zeichne ein Rechteck *ABCD* aus $|\overline{AB}| = 6\,cm$ und $|\overline{BC}| = 3{,}6\,cm$.

b) Zeichne den Umkreis des Rechtecks und miss seinen Durchmesser.

c) Berechne den Umfang des Rechtecks und des Umkreises.

103. Zeichne das Kreismuster ab und male es farbig aus.

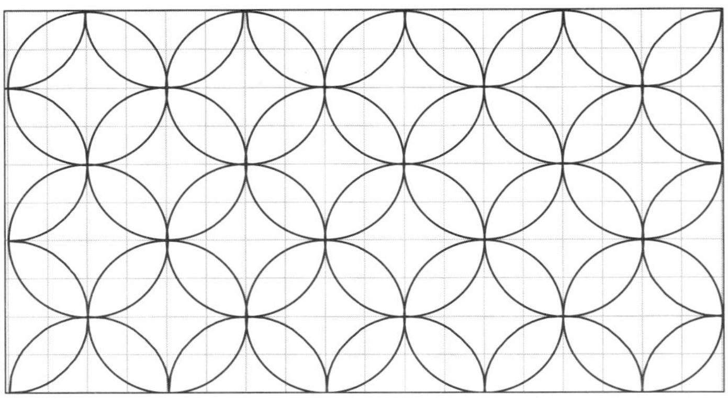

104. Lkw-Reifen

Die Reifen eines Lastwagens haben einen Umfang von 2,5 m.

a) Wie groß ist der Durchmesser eines Reifens? Schätze zuerst und rechne dann exakt.

b) Welchen Weg hat der Lastwagen nach 4000 Umdrehungen der Räder zurückgelegt?

c) Wie viele Umdrehungen machen die Räder auf einer Strecke von 78 km?

d) Die Räder drehen sich 520-mal pro Minute. Mit welcher Geschwindigkeit fährt der Lastwagen?

e) Der Lastwagen fährt mit der Geschwindigkeit $54\,\frac{km}{h}$. Wie oft drehen sich die Räder in einer Sekunde?

Hausnummern

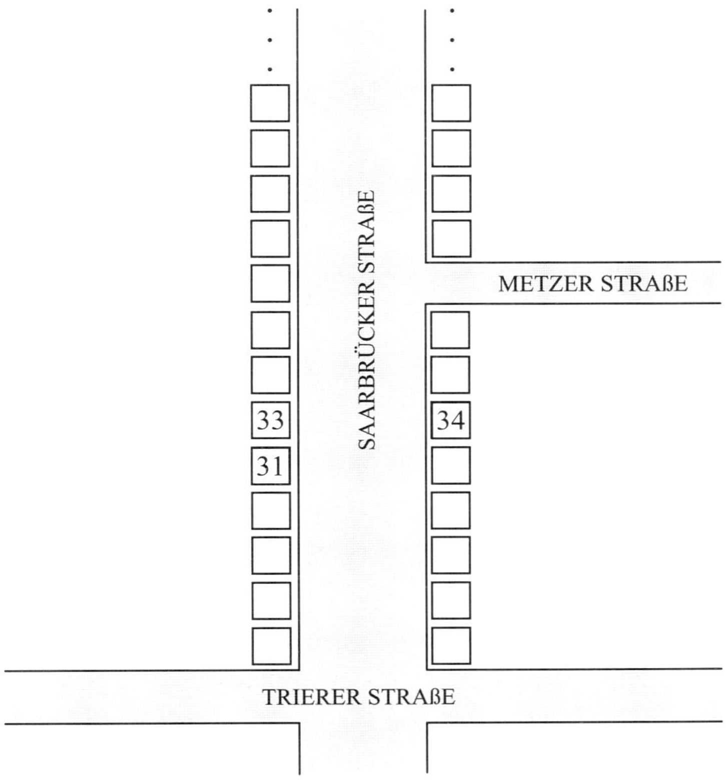

Auf der linken Seite der Saarbrücker Straße haben die Häuser fortlaufend ungerade Hausnummern, auf der rechten Straßenseite gerade Hausnummern.

① Welche Nummer hat das Haus auf der linken Straßenseite an der Ecke Saarbrücker-Trierer-Straße?

② Welche Nummer hat das erste Haus hinter der Metzer Straße?

③ Jemand erkundigt sich bei Haus Nr. 33, wie weit es noch bis zum Haus Nr. 127 ist. Schätze die Wegstrecke (Hausbreite jeweils 20 m).

④ Trage in die Lücken entweder „gerade“ oder „ungerade“ ein.

- Wenn man gerade Zahlen addiert, erhält man als Ergebnis eine ____________ Zahl.
- Wenn man zwei ungerade Zahlen addiert, erhält man als Ergebnis eine ____________ Zahl.
- Wenn man drei ungerade Zahlen addiert, erhält man als Ergebnis eine ____________ Zahl.

AUF EINEN BLICK

Der **Punkt** ist das einfachste Objekt der Geometrie. Im **Koordinatensystem** wird die Lage von Punkten durch Zahlenpaare beschrieben; die beiden Zahlen heißen **Koordinaten**.

Eine gerade Linie, die von zwei Punkten begrenzt wird, heißt **Strecke**. Sie ist die kürzeste Verbindung zwischen den beiden Punkten. Die Strecke mit den Endpunkten A und B wird mit $\overline{AB}$ bezeichnet; ihre **Länge** wird mit $|\overline{AB}|$ bezeichnet und ist die **Entfernung** zwischen A und B.

Eine gerade Linie, die nur nach einer Seite durch einen Punkt begrenzt wird, heißt **Strahl** (Halbgerade). Eine beidseitig unbegrenzte gerade Linie heißt **Gerade**. Durch zwei Punkte gibt es genau eine Gerade.

Strecken, Stahlen und Geraden sind **unendliche Punktmengen**, ebenso Kreise und Winkel.

Die Menge aller Punkte, die von einem Punkt M die Entfernung r haben, heißt **Kreis mit Mittelpunkt M und Radius r**. Eine Punktmenge, die von zwei Strahlen mit gemeinsamem Anfangspunkt begrenzt wird, heißt **Winkel**. Der Anfangspunkt heißt **Scheitel** des Winkels, die beiden Strahlen sind seine **Schenkel**.

Winkelmessung: Dem **vollen Winkel** ist das Winkelmaß 360° zugeordnet. Der Einheitswinkel ist der 360. Teil des vollen Winkels und hat das Winkelmaß 1°. **Einen Winkel messen** heißt **zählen**, wie oft der Einheitswinkel in dem betreffenden Winkel enthalten.
Besondere Winkel: Der **rechte Winkel** hat das Maß 90°, der **gestreckte Winkel** das Maß 180°.

Zwei Geraden heißen zueinander **senkrecht**, wenn sie so zueinander verlaufen wie die Grundlinie und die Mittellinie des Geodreiecks, also einen rechten Winkel miteinander bilden.

Zwei Geraden heißen zueinander **parallel**, wenn sie eine gemeinsame Senkrechte haben.

Das **Lot von einem Punkt auf eine Gerade** ist die senkrechte Verbindungsstrecke. Seine Länge heißt **Abstand des Punktes von der Geraden**. Bei parallelen Geraden hat jeder Punkt der einen Geraden von der anderen Geraden denselben Abstand. Dieser Abstand heißt **Abstand der beiden Parallelen**.

Ein Viereck mit vier rechten Innenwinkeln heißt **Rechteck**. Im Rechteck sind die Gegenseiten parallel und gleich lang; die Diagonalen sind gleich lang und halbieren einander. Das Rechteck hat einen Umkreis.
Umfang eines Rechtecks mit den Seitenlängen a und b: $U = 2 \cdot a + 2 \cdot b = 2 \cdot (a+b)$.

Ein Rechteck mit vier gleich langen Seiten heißt **Quadrat**. Quadrate haben alle Rechteckeigenschaften und zusätzlich gilt: Die Diagonalen sind zueinander senkrecht.
Umfang eines Quadrates mit der Seitenlänge a: $U = 4 \cdot a$.

Umfang eines Kreises mit dem Radius r: $U = 2 \cdot \pi \cdot r$
Näherungswert für die Kreiszahl: $\pi \approx 3{,}14$.

6

Bruchteile

Teile eines Ganzen

1. **Ein Drittel** meines Taschengeldes gebe ich für Klamotten aus, **ein Viertel** für Süßigkeiten.

Für **„ein Drittel"** und **„ein Viertel"** verwenden wir die Schreibweise $\frac{1}{3}$ bzw. $\frac{1}{4}$.

a) Silvester bekommt im Monat 36 € Taschengeld. Wie viel Geld gibt er für Kleidung und Süßigkeiten aus?

b) „Die andere Hälfte meines Taschengeldes spare ich für ein Fahrrad.", fügt Silvester hinzu. Was hältst du von dieser Aussage?

2. Welcher **Bruchteil** der Fläche ist dunkel markiert?

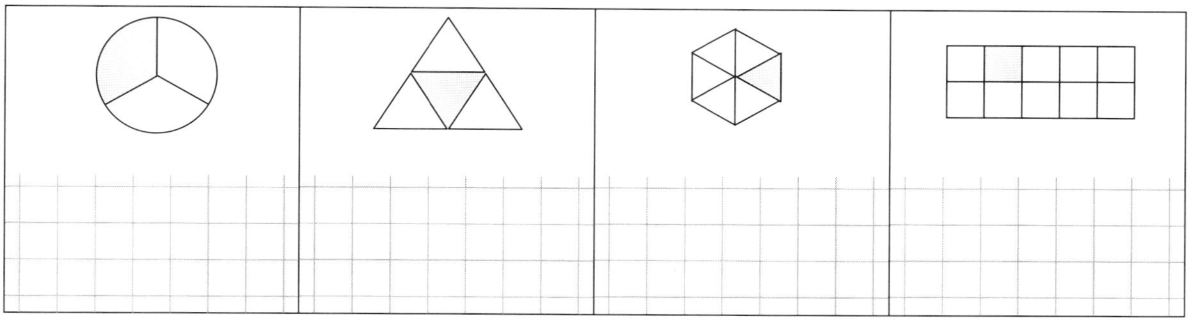

3. a) Eine Klasse hat 24 Schüler. Wie viele Schüler sind ...

... die Hälfte der Klasse?	... $\frac{1}{8}$ der Klasse?
... ein Drittel der Klasse?	... $\frac{1}{12}$ der Klasse?

b) Rechne aus.

$\frac{1}{4}$ von 24 Schülern =	$\frac{1}{3}$ von 135 =
$\frac{1}{5}$ von 60 Gästen =	$\frac{1}{8}$ von 1000 =
$\frac{1}{6}$ von 540 Zuschauern =	$\frac{1}{12}$ von 360 =

4. Silvester und Wurzel essen gerne Pizza.

a) Teile die abgebildete Pizza in neun gleich große Stücke.

b) Ergänze.

1 Stück = der Pizza

c) Silvester nimmt sich fünf Stücke, das sind **fünf Neuntel** der Pizza.
Markiere Silvesters Anteil farbig und ergänze.

5 Stücke = der Pizza

d) Welcher Teil der Pizza bleibt für Wurzel übrig?

5. a) Silvester und Wurzel haben die abgebildete Tafel Schokolade geschenkt bekommen.

- Wurzel gibt Silvester sieben Zwölftel der Tafel. Wie geht das?
- Markiere Wurzels Anteil farbig und beschreibe ihn mit einem **Bruch**.

b) Wurzel teilt eine andere Tafel Schokolade in vier gleich große Stücke und nimmt sich eins davon. Ergänze.

Wurzels Anteil:	Silvesters Anteil:

Das Zeichen $\frac{a}{b}$ heißt Bruch mit Zähler a und Nenner b.

$\frac{a}{b}$ eines Ganzen bedeutet:

6. Welcher Bruchteil der Fläche ist dunkel markiert, welcher hell?

a) 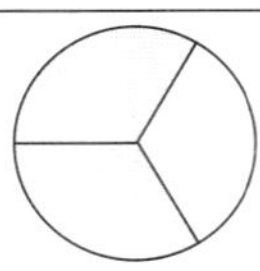 dunkel: hell:	b)  dunkel: hell:	c) 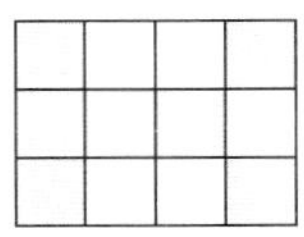 dunkel: hell:
d) 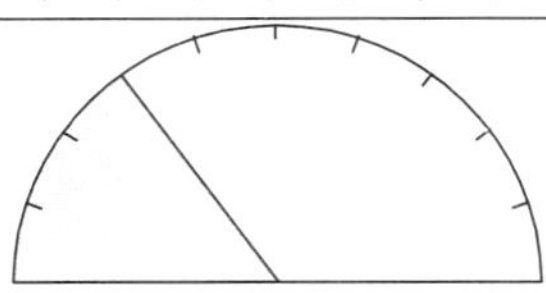 dunkel: hell:	e) 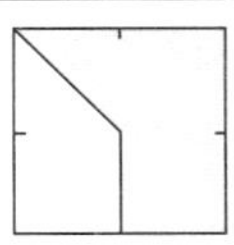 dunkel: hell:	f) 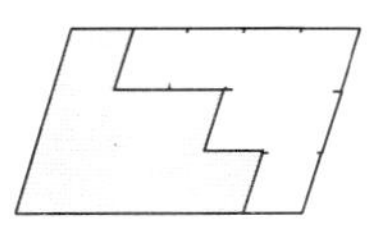 dunkel: hell:

7. Male die Bruchteile farbig aus.

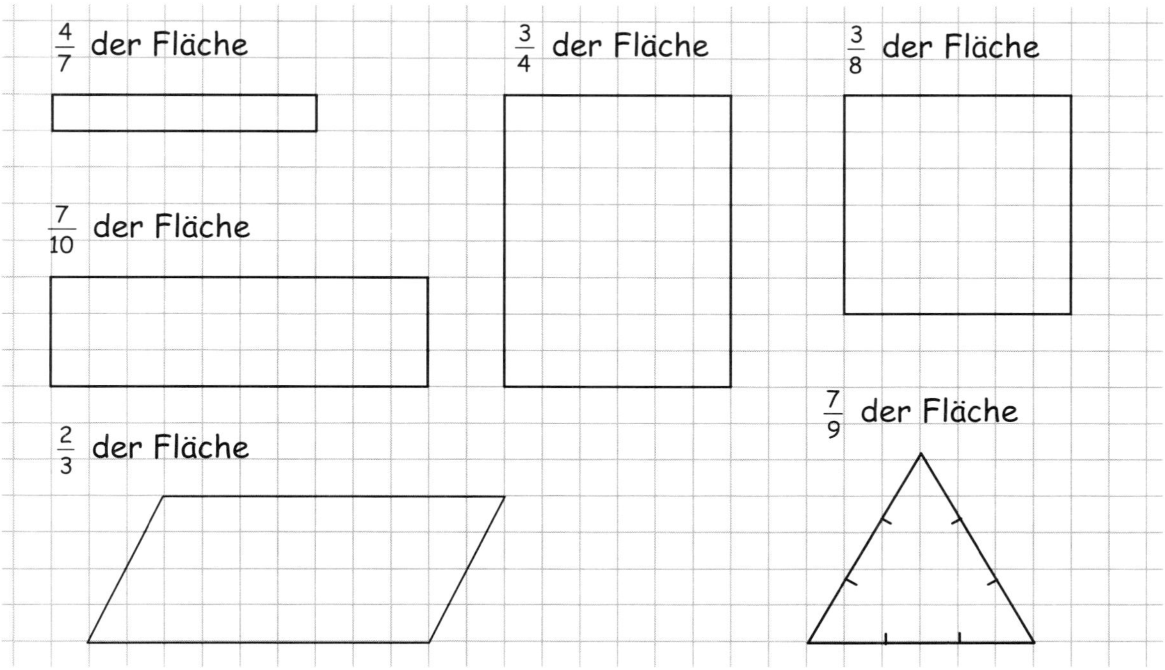

8. Silvester sollte die gegebenen Flächen halbieren und jeweils eine Hälfte färben. Du siehst Silvesters Lösungen. Suche und verbessere seine Fehler.

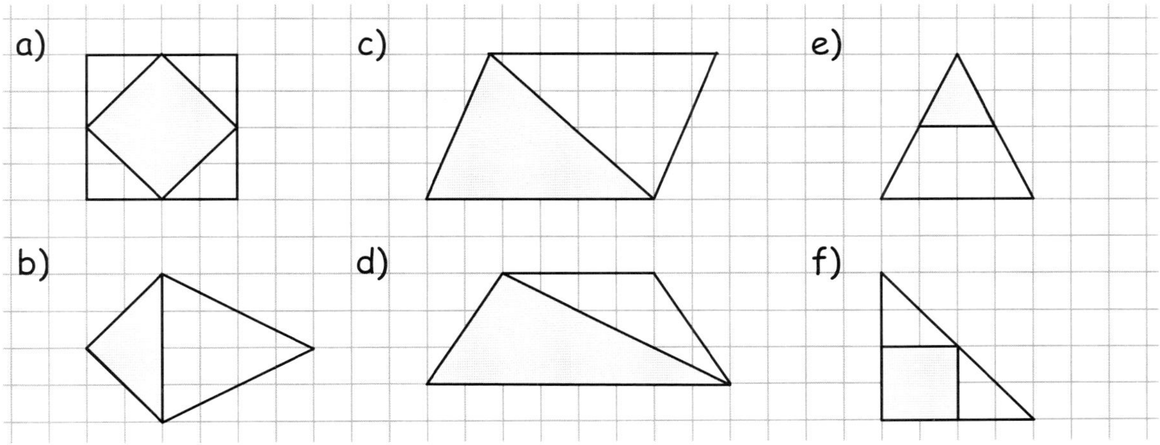

9. Die Packung Mozartkugeln enthält 24 Kugeln.

a) Silvester soll herausfinden, wie viele Kugeln $\frac{5}{8}$ der Packung sind, braucht aber deine Hilfe:

$\frac{5}{8}$ der Packung = Kugeln

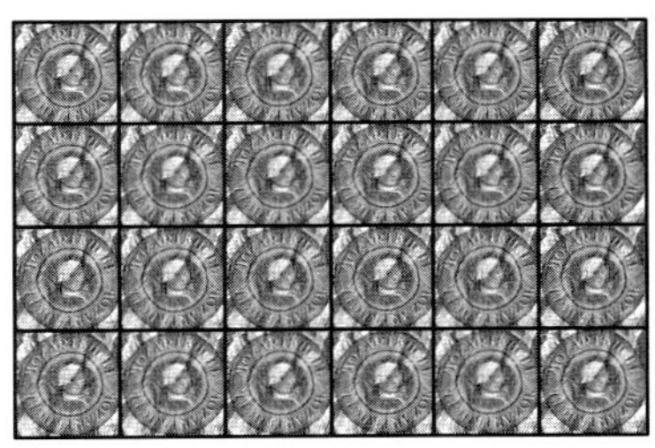

b) Berechne ebenso.

Zwei Drittel der Packung =	$\frac{7}{8}$ der Packung =
Drei Viertel der Packung =	$\frac{7}{12}$ der Packung =
$\frac{5}{6}$ der Packung =	$\frac{11}{24}$ der Packung =

10. Rechne aus.

42 $\xrightarrow{:7}$ ___ $\xrightarrow{\cdot 4}$ ___

$\frac{4}{7}$ von 42 =

a) $\frac{2}{3}$ von 36 =	d) $\frac{5}{6}$ von 60 =	g) $\frac{3}{10}$ von 250 =
b) $\frac{3}{4}$ von 4 =	e) $\frac{4}{7}$ von 630 =	h) $\frac{2}{9}$ von 360 =
c) $\frac{3}{5}$ von 100 =	f) $\frac{7}{8}$ von 240 =	i) $\frac{5}{11}$ von 770 =

11. a) Zeichne in nebenstehender Abbildung einen **Sektor** („ein Kuchenstück“), der zwei Fünftel der ganzen Kreisfläche ausmacht. Wurzel hilft dir.

Berechne zunächst den Mittelpunktswinkel.

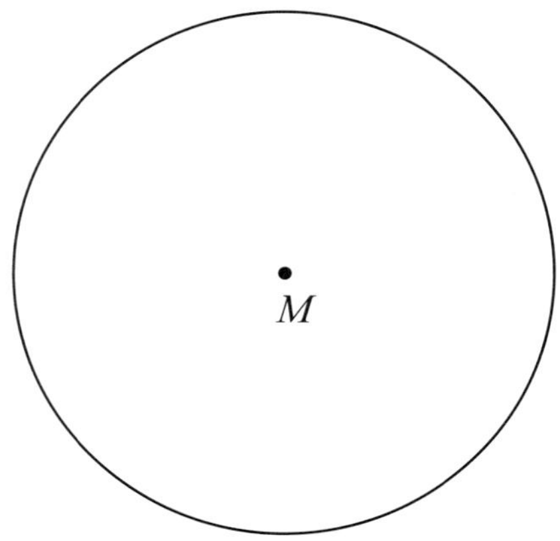

b) Im Heft: Zeichne einen Kreis mit Radius 3 cm und markiere mit unterschiedlichen Farben.

- Einen Sektor von $\frac{1}{8}$ der Kreisfläche,
- einen Sektor von $\frac{3}{10}$ der Kreisfläche und
- einen Sektor von $\frac{4}{9}$ der Kreisfläche.

12. Bruchteile bestimmen

Silvester hat seine Geburtstagstorte in 15 gleich große Stücke geteilt.

a) Welchen Mittelpunktswinkel hat Silvester gewählt?

b) Silvester isst von seiner Torte 4 Stücke. Ergänze.

4 Stücke = — der Torte

oder: 4 Stücke = — von 15 Stücken

c) Zusätzlich isst Wurzel ein Stück und die übrigen Gäste zusammen noch sieben Stücke. Ergänze:

1 Stück = — von 15 Stücken

7 Stücke = — von 15 Stücken

Wie viele Stücke bleiben übrig?

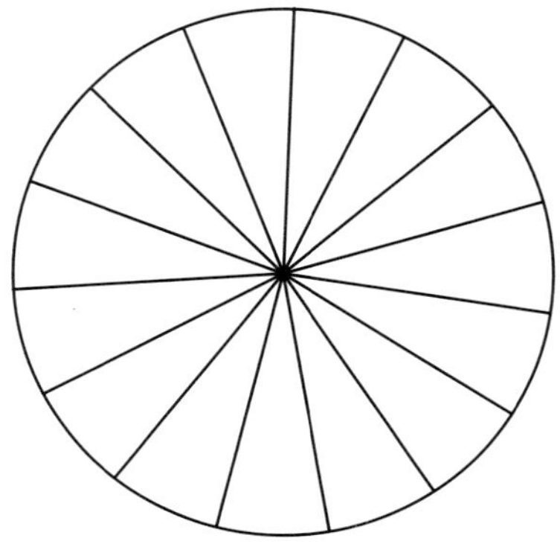

d) Wer hat Recht?

3 Stücke = $\frac{1}{5}$ von 15 Stücken

3 Stücke = $\frac{3}{15}$ von 15 Stücken

13. a) Eine Katzenfamilie hat acht Mitglieder. Welchen Bruchteil der Familie bilden fünf Katzen dieser Katzen?

5 Katzen = — von 8 Katzen

b) Überprüfe Wurzels Aussage.

Für alle $a \in \mathbb{N}$ und $b \in \mathbb{N}^*$ gilt:

$a = \frac{a}{b}$ von b

c) Gib den Bruchteil an.

3 = — von 5	5 = — von 7	2 = von 13	11 = von 60

d) Welcher Bruchteil ist die Zahl 12 von der Zahl 16?

Silvester wendet Wurzels Regel aus b) an, Wurzel beschreibt den Bruchteil mit einem einfacheren Bruch. Überprüfe die Aussagen.

$12 = \frac{12}{16}$ von 16

$12 = \frac{3}{4}$ von 16

Wie man Wurzels Bruch findet, lernen wir später … .

14. a) Die Klasse 5a hat 24 Schüler. Fünf Sechstel der Schüler der Klasse besitzen ein Handy. Wie viele Schüler sind das?

Du rechnest im Kopf:

24 ⟶ ⟶

b) Zwei Drittel der Schüler der Klasse 5b haben ein Haustier, nämlich 18. Wie viele Schüler sind in der Klasse?

Drehe die Rechnung von a) rum:

⟵ ⟵ 18

$\frac{2}{3}$ von ? = 18 Schüler

c) Drei Fünftel der Klasse 5c nehmen an der Mathematik-Olympiade teil, nämlich 15 Schüler. Wie viele Schüler sind in der Klasse?

d) 7200 Einwohner einer Stadt sind 18 Jahre oder jünger, das ist $\frac{3}{20}$ der gesamten Einwohnerzahl der Stadt. Wie viele Einwohner hat die Stadt?

15. a) Silvester mischt ein Glas Himbeersirup mit fünf Gläsern Wasser zu einer Limonade (Mischungsverhältnis 1:5). Welcher Bruchteil der Limonade ist Sirup, welcher Wasser?

b) Wurzels Limonade besteht zu $\frac{2}{11}$ aus Sirup und zu $\frac{9}{11}$ aus Wasser. In welchem Verhältnis hat Wurzel Sirup mit Wasser gemischt?

c) Welche Limonade schmeckt vermutlich besser?

16. Mehrere Ganze

a) Drei Pizzen sollen gerecht unter vier Kindern aufgeteilt werden. Kennzeichne die Anteile mit unterschiedlichen Farben und beschreibe sie durch einen Bruch.

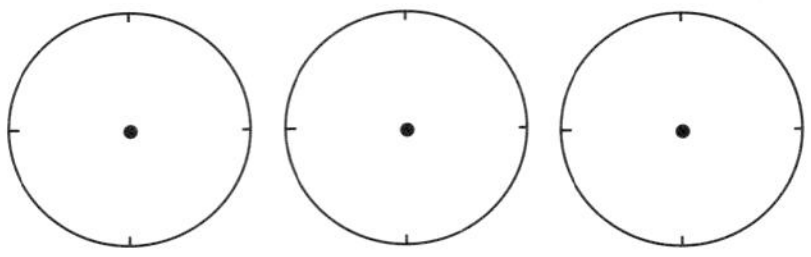

$\frac{1}{4}$ von 3 Pizzen =

b) Nun möchte Silvester vier Pizzen gerecht unter drei Kindern verteilen. Kannst du ihm helfen?

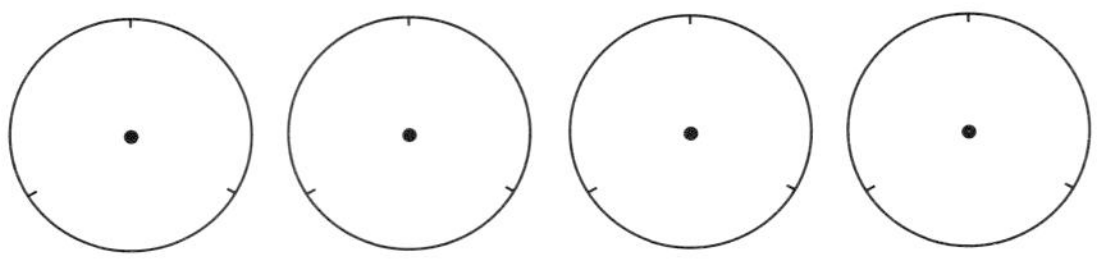

$\frac{1}{3}$ von 4 Pizzen =

Wurzel verwendet die **gemischte Schreibweise** und behauptet: „Jeder erhält $1\frac{1}{3}$ Pizza."

Stimmt das?

c) Ergänze:

- $\frac{1}{5}$ von 4 Pizzen =
- $\frac{2}{5}$ von 4 Pizzen =

17. Gemischte Schreibweise

Zeichne die Bruchteile farbig und gib sie in gemischter Schreibweise an.

$\frac{3}{2}$ Pizza = 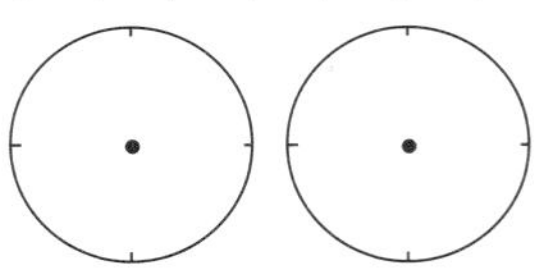	$\frac{8}{5}$ Pizza = 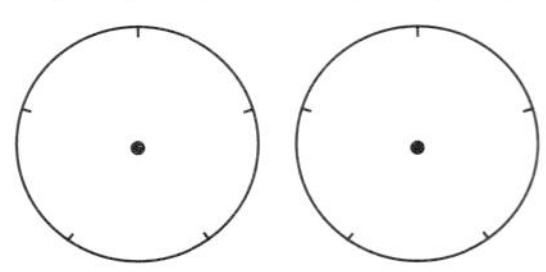	$\frac{7}{3}$ Pizza = 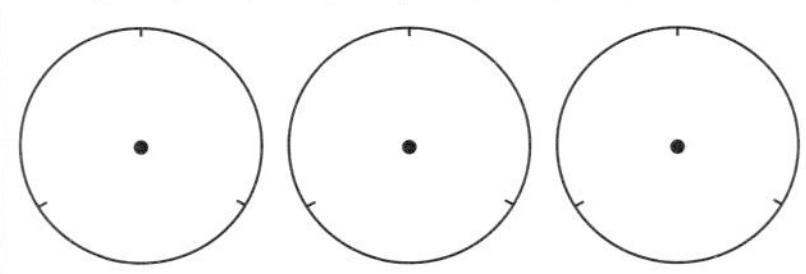
$\frac{7}{4}$ Pizza = 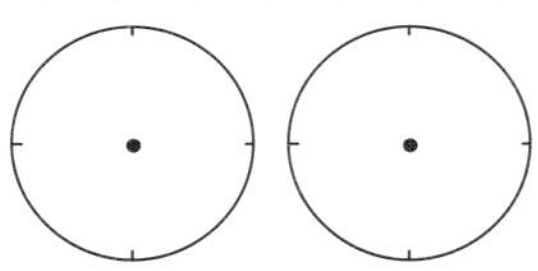	$\frac{11}{8}$ Pizza = 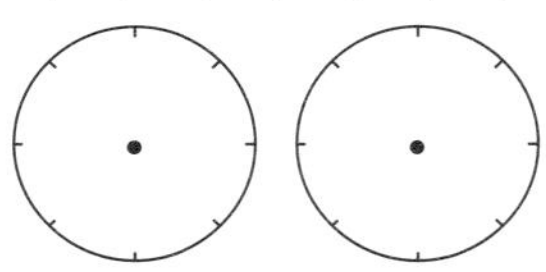	$\frac{6}{6}$ Pizza = 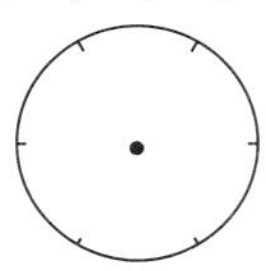

18. a) Am Schulfest kauft Wurzel drei Viertel einer Pizza. Umrande Wurzels Pizzastück mit einem Farbstift.

b) Zwei Drittel des Pizzastücks soll Silvester bekommen. Male Silvesters Anteil farbig aus und ergänze.

$\frac{2}{3}$ von Wurzels Pizzastück

$= \frac{2}{3}$ von $\frac{3}{4}$ der ganzen Pizza

$=$

c) Da Wurzel Hunger hat, gibt sie Silvester nur die Hälfte ihres Pizzastücks. Wie viel bekommt jetzt jeder von der ganzen Pizza?

Parkettieren I

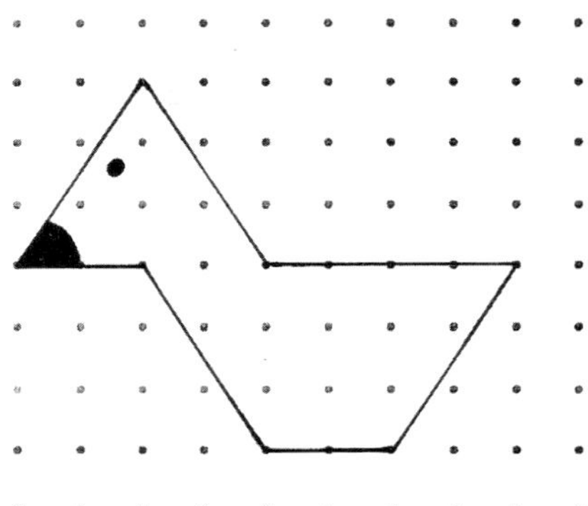

Der Mathematiklehrer hat seine Schülerin Jasmin dabei erwischt, wie sie während der Unterrichtsstunde auf Rasterpapier (1 cm x 1 cm) kleine Enten zeichnete.

Zuerst wollte er Jasmin rügen, aber dann hatte der Lehrer eine andere Idee.

1. Zeichne mindestens neun solcher Enten auf ein kariertes Blatt und schneide sie aus. Versuche die Enten so aneinander zu legen, dass eine Fläche lückenlos ausgelegt ist.
2. Es gibt noch andere Figuren, mit denen man Flächen lückenlos auslegen kann. Einige davon siehst du in dem Bild rechts.
   Finde noch zwei weitere Figuren, mit denen man Flächen parkettieren kann.

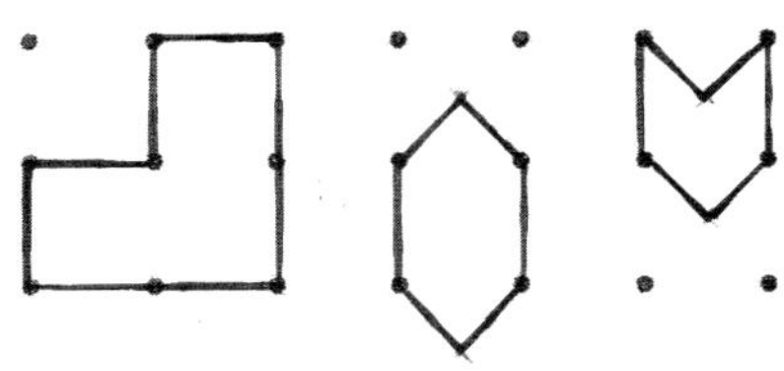

3. Eine rechteckige Fläche der Größe 14 cm x 12 cm soll lückenlos ausgelegt werden. Wie viele Enten benötigt man mindestens? Man kann auch die Enten zerschneiden!

Bruchteile von Größen

19. a) Wurzel und Silvester wollen herausfinden, was $\frac{3}{5}$ von 20 € sind.

Silvester löst das Problem mit Hilfe der Abbildung, Wurzel dagegen bevorzugt eine rechnerische Lösung.

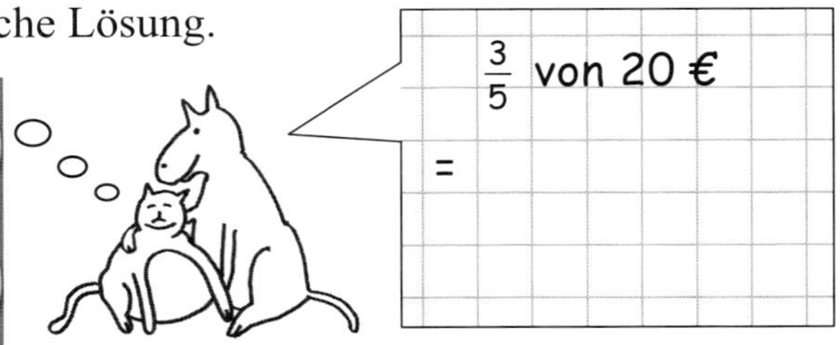

Erkläre Silvesters Vorgehensweise und führe Wurzels Rechnung durch.

b) Bestimme.

$\frac{3}{4}$ von 20 € =	$\frac{7}{10}$ von 20 € =	$\frac{1}{20}$ von 20 € =

20. Rechne aus.

28m ⟶ ⟶

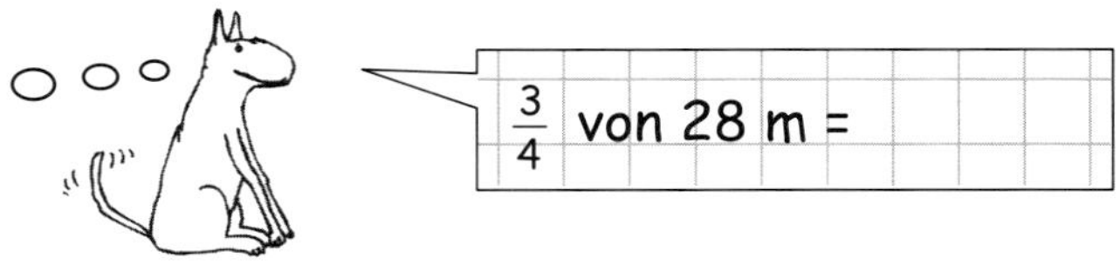

a) $\frac{2}{3}$ von 42 s =	d) $\frac{3}{2}$ von 50 m =	g) $\frac{7}{8}$ von 128 € =
b) $\frac{3}{4}$ von 80 g =	e) $\frac{4}{5}$ von 100 kg =	h) $\frac{3}{10}$ von 720 t =
c) $\frac{1}{3}$ von 12 h =	f) $\frac{5}{4}$ von 100 kg =	i) $\frac{4}{9}$ von 1440 ℓ =

21. a) Wurzel und Silvester haben im Restaurant zu Abend gegessen. Insgesamt zahlten sie 40 €, dabei alleine 12 € für den Nachtisch. Sie unterhalten sich anschließend über die Rechnung.

$\frac{12}{40}$ der Kosten betreffen den Nachtisch.

12 € = $\frac{3}{10}$ von 40 €.

Überprüfe ihre Aussagen.

b) Gib den Bruchteil an.

3 m = — von 10 m	9 h = — von 24 h
18 € = — von 100 €	5 t = — von 2 t
23 s = — von 60 s	10 km = — von 3 km

$$7\,€ = \frac{7}{15} \text{ von } 15\,€$$

22. a) Silvester und Wurzel fahren Inliner auf dem Saar-Radweg. 60 km haben sie sich vorgenommen. Bei der ersten Rast haben sie bereits zwei Fünftel des Weges zurückgelegt. Wie viele Kilometer sind das?

b) Silvester und Wurzel sind mit ihren Rädern auf dem Saarland-Rundweg unterwegs. Nach 30 km machen sie eine Rast.

Kannst du Silvester helfen?

23. a) Führe die Rechnungen zu Ende.

$\frac{1}{6}$ h = $\frac{1}{6}$ **von** 1 h
= $\frac{1}{6}$ von 60 min
=

$\frac{1}{5}$ m = $\frac{1}{5}$ **von** 1 m
=
=

$\frac{1}{8}$ kg =
=
=

b) Im Kopf!

m ⟶ cm	kg ⟶ g	h ⟶ min	d ⟶ h
$\frac{1}{4}$ m =	$\frac{1}{2}$ kg =	$\frac{1}{3}$ h =	$\frac{1}{3}$ d =
$\frac{1}{10}$ m =	$\frac{1}{5}$ kg =	$\frac{1}{10}$ h =	$\frac{1}{4}$ d =
$\frac{1}{20}$ m =	$\frac{1}{25}$ kg =	$\frac{1}{15}$ h =	$\frac{1}{8}$ d =

24. a) Wandle in Cent, Minuten bzw. Gramm um.

$\frac{3}{4}$ € =

$\frac{3}{5}$ h =

$\frac{5}{8}$ kg =

b) Im Kopf!

€ ⟶ c	km ⟶ m	min ⟶ s	d ⟶ h
$\frac{2}{5}$ € =	$\frac{3}{4}$ km =	$\frac{2}{3}$ min =	$\frac{3}{4}$ d =
$\frac{7}{10}$ € =	$\frac{4}{5}$ km =	$\frac{4}{5}$ min =	$\frac{5}{8}$ d =
$\frac{5}{4}$ € =	$\frac{3}{8}$ km =	$\frac{5}{6}$ min =	$\frac{4}{3}$ d =

25. Im Heft: Schreibe als Bruch und wandle in die in Klammern angegebene Einheit um.

a) eine halbe Tonne (kg)
b) zwei drittel Stunde (min)
c) drei fünftel Zentimeter (mm)
d) neun zehntel Gramm (mg)
e) fünf zwölftel Minute (s)
f) sieben achtel Kilogramm (g)
g) drei viertel Meter (mm)
h) sieben sechstel Tage (h)

26. a) Was bedeuten die Angaben auf dem Schild?

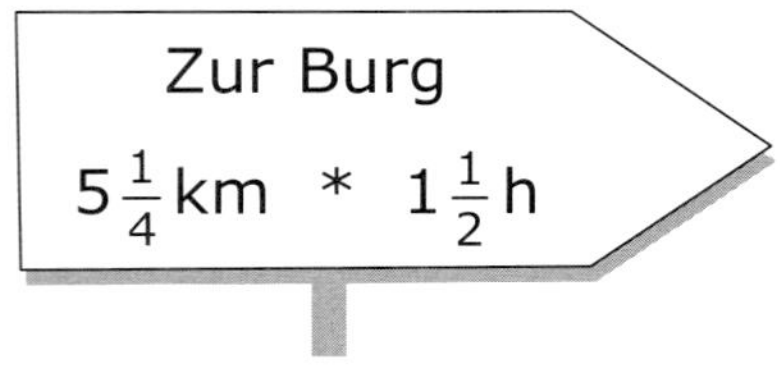

b) Schreibe mit Ziffern und wandle in die angegebene Einheit um.

•	einundeinhalb Kilogramm	=	=	g
•	zweiundeinviertel Kilometer	=	=	m
•	einunddreiviertel Stunde	=	=	min
•	vier eindrittel Minute	=	=	s
•	fünf siebenzehntel Meter	=	=	cm
•	drei dreiachtel Tag	=	=	h

27. Fülle aus und merke dir die Bruchteile.

Bruchteile von 1 m				
10cm = m	25cm = m	50cm = m	75cm = m	150cm = m

Bruchteile von 1 kg				
125g = kg	200g = kg	250g = kg	500g = kg	750g = kg

Bruchteile von 1 h				
15min = h	20min = h	30min = h	40min = h	45min = h

Erweitern und Kürzen

28. Verschieden und doch gleich

a) Gib folgende Stundenbruchteile in Minuten an. Was fällt dir auf?

$\frac{3}{4}$ h =	$\frac{9}{12}$ h =	$\frac{15}{20}$ h =

b) Prüfe, ob die folgenden Kilogrammbruchteile gleich sind. Ergänze = oder ≠.

$\frac{2}{5}$ kg $\quad$ $\frac{10}{25}$ kg	$\frac{3}{10}$ kg $\quad$ $\frac{12}{40}$ kg	$\frac{3}{8}$ kg $\quad$ $\frac{75}{200}$ kg

29. a) Welcher Bruchteil des Blechkuchens ist dunkel markiert?

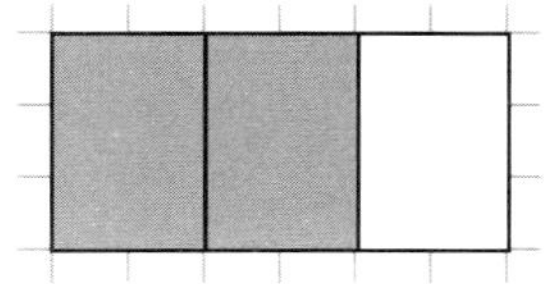

b) Wurzel schneidet den Kuchen in weitere Stücke.
(Die Mathematiker sagen: „Sie wählt eine **feinere** Unterteilung.“)
Sie behauptet, sie könne den Bruchteil in a) auch mit einem anderen Bruch beschreiben.

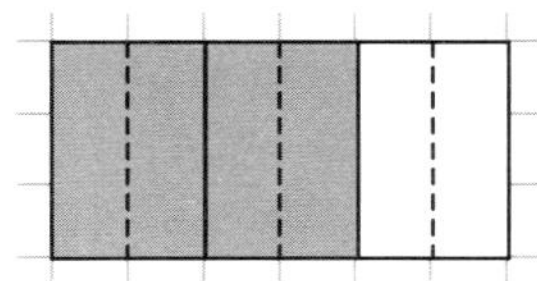

c) Begründe durch eine geeignete Unterteilung:

$\frac{2}{3}$ des Kuchens = $\frac{6}{9}$ des Kuchens .

d) Überprüfe Silvesters Aussagen zeichnerisch.

- $\frac{2}{3}$ des Kuchens = $\frac{8}{12}$ des Kuchens.
- $\frac{2}{3}$ des Kuchens = $\frac{12}{18}$ des Kuchens.

e) Die Brüche $\frac{4}{6}$, $\frac{6}{9}$, $\frac{8}{12}$ und $\frac{12}{18}$ beschreiben denselben Bruchteil des Kuchens wie der Bruch $\frac{2}{3}$. Wie entstehen diese Brüche aus dem Bruch $\frac{2}{3}$?

- Einen Bruch erweitern heißt
- Bruch und erweiterter Bruch

30. Welche Brüche werden durch die Bilder veranschaulicht?
Wie hängen die Brüche miteinander zusammen?

a)
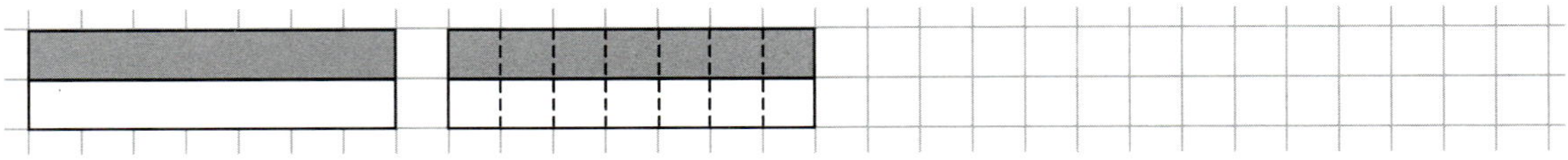

b)
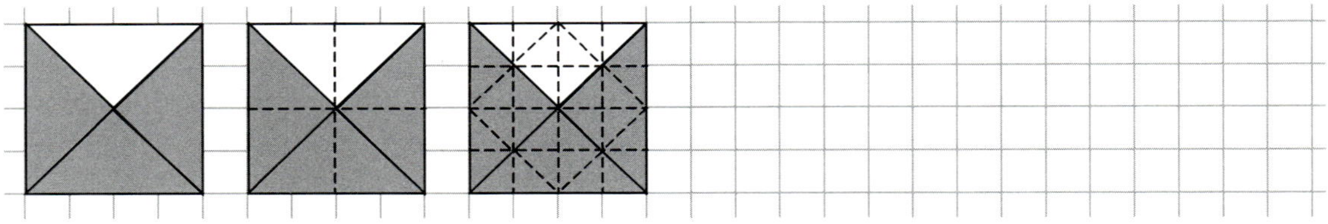

c)
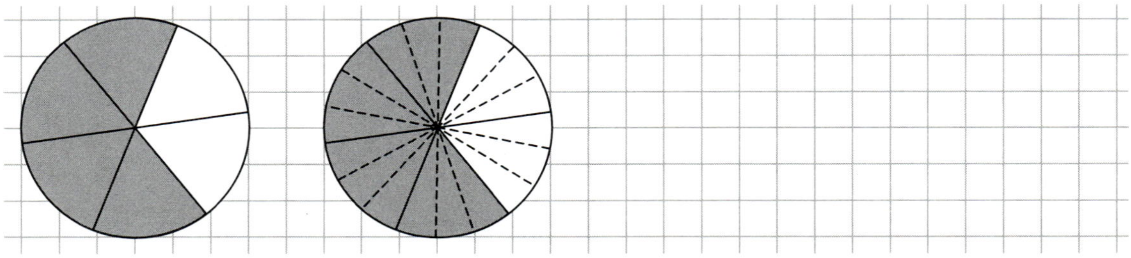

31. Fülle aus.

Bruch	$\frac{1}{2}$	$\frac{2}{5}$	$\frac{2}{3}$	$\frac{3}{4}$	$\frac{5}{6}$	$\frac{5}{8}$	$\frac{9}{4}$	$\frac{7}{12}$
erweitert mit	8	2	20	25	30	125	15	12
neuer Bruch	$\frac{8}{16}$	$\frac{4}{10}$	$\frac{40}{60}$	$\frac{75}{100}$	$\frac{150}{180}$	$\frac{625}{1000}$	$\frac{135}{60}$	$\frac{80}{144}$

32. Schreibe die Erweiterungszahl über das Gleichheitszeichen und ergänze den unvollständigen Bruch.

a) $\frac{4}{5} \overset{6}{=} \frac{24}{30}$	d) $\frac{1}{6} \overset{8}{=} \frac{8}{48}$	g) $\frac{4}{9} \overset{40}{=} \frac{160}{360}$
b) $\frac{3}{4} \overset{5}{=} \frac{15}{20}$	e) $\frac{3}{2} \overset{12}{=} \frac{36}{24}$	h) $\frac{3}{8} \overset{125}{=} \frac{375}{1000}$
c) $\frac{7}{8} \overset{3}{=} \frac{21}{24}$	f) $\frac{3}{10} \overset{6}{=} \frac{18}{60}$	i) $\frac{5}{12} \overset{15}{=} \frac{75}{180}$

33. Im Kopf?!

Erweitere	$\frac{1}{2}$	$\frac{2}{5}$	$\frac{3}{4}$	$\frac{7}{10}$	auf den Nenner	20	60	100	180

Erweitere	$\frac{3}{2}$	$\frac{2}{3}$	$\frac{1}{6}$	$\frac{5}{9}$	auf den Nenner	18	54	90	360

34. Fülle aus.

Hin ...	... und zurück
a) $\frac{7}{9} = \frac{7 \cdot 8}{9 \cdot 8} = \frac{56}{72}$	$\frac{56}{72} = \_\_\_\_ = \frac{7}{9}$
b) $\frac{5}{8} = \_\_\_\_ = \frac{20}{32}$	$\frac{20}{32} = \_\_\_\_ = \frac{5}{8}$
c) $\frac{4}{7} = \_\_\_\_ = \frac{\_\_}{35}$	$\_\_ = \_\_\_\_ = \_\_$
d) $\frac{8}{3} = \_\_\_\_ = \frac{56}{\_\_}$	$\_\_ = \_\_\_\_ = \_\_$

- Einen Bruch kürzen heißt
- Bruch und gekürzter Bruch

35. Fülle aus.

Bruch	$\frac{6}{10}$	$\frac{4}{8}$	$\frac{10}{15}$	$\frac{50}{60}$	$\frac{15}{24}$	$\frac{100}{125}$	$\frac{56}{96}$	$\frac{135}{180}$
gekürzt mit	2	4	5	10	3	25	8	45
neuer Bruch	$\frac{3}{5}$	$\frac{1}{2}$	$\frac{2}{3}$	$\frac{5}{6}$	$\frac{5}{8}$	$\frac{4}{5}$	$\frac{7}{12}$	$\frac{3}{4}$

36. Schreibe die Kürzungszahl unter das Gleichheitszeichen und ergänze den unvollständigen Bruch.

a) $\frac{12}{21} \underset{3}{=} \frac{4}{7}$	d) $\frac{7}{42} = \frac{\_\_}{6}$	g) $\frac{49}{70} = \frac{7}{\_\_}$
b) $\frac{24}{32} = \frac{\_\_}{4}$	e) $\frac{30}{80} = \frac{\_\_}{8}$	h) $\frac{45}{100} = \frac{\_\_}{20}$
c) $\frac{10}{25} = \frac{2}{\_\_}$	f) $\frac{60}{45} = \frac{4}{\_\_}$	i) $\frac{80}{1000} = \frac{2}{\_\_}$

37. Kürze so, dass ein Bruch mit möglichst kleinem Nenner entsteht.

a) $\frac{8}{24}$ =	d) $\frac{12}{16}$ =	g) $\frac{45}{72}$ =
b) $\frac{14}{28}$ =	e) $\frac{24}{40}$ =	h) $\frac{18}{60}$ =
c) $\frac{12}{18}$ =	f) $\frac{35}{30}$ =	i) $\frac{36}{81}$ =

38. Beim Kürzen kannst du auch schrittweise vorgehen.

$\frac{270}{720} \underset{10}{=} \frac{27}{72} =$

$\frac{3000}{3600} =$

Weiter im Heft:

a) $\frac{200}{360}$ b) $\frac{350}{1000}$ c) $\frac{300}{750}$ d) $\frac{135}{180}$ e) $\frac{2400}{10000}$ f) $\frac{128}{512}$

39. Gib die hervorgehobenen Anteile mit möglichst einfachen Brüchen an.

a)

c)

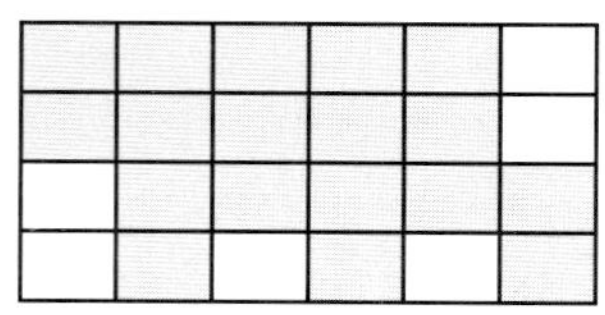

b)

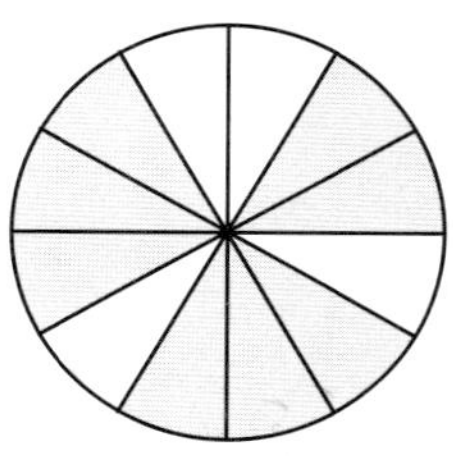

d)

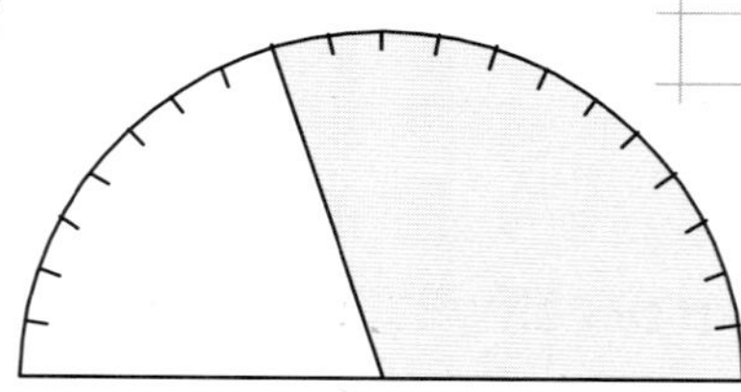

40. a) Eine Schulklasse besteht aus 30 Schülern, 9 davon sind evangelisch. Wurzel berechnet den Anteil der evangelischen Schüler.

9 Schüler $= \frac{9}{30}$ von 30 Schülern

$= \frac{3}{10}$ der Klasse

Beschreibe Wurzels Vorgehensweise.

b) Zehn Schüler der Klasse sind Mädchen, 18 haben Geschwister, 25 können schwimmen und 15 spielen ein Instrument. Gib den jeweiligen Anteil mit einem möglichst einfachen Bruch an. Stelle deine Ergebnisse in einer Tabelle zusammen.

41. a) Welcher Bruchteil von 700 € sind 280 €?
Führe Wurzels Rechung zu Ende und mache die Probe.

$$280\text{ €} = \frac{280}{700} \text{ von } 700\text{ €}$$
$$=$$

b) Welcher Bruchteil ...

① ... von 12 kg sind 9 kg ?
② ... von 32 € sind 20 € ?
③ ... von 42 m sind 28 m ?
④ ... von 90 s sind 75 s ?
⑤ ... von 80 h sind 24 h ?
⑥ ... von 160 € sind 64 € ?
⑦ ... von 560 Schülern sind 280 Schüler?
⑧ ... von 10 t sind 25 t ?

42. a) Silvester und Wurzel schreiben 48 min als Bruchteil von 1 h.
Silvester rechnet ausführlich, Wurzel kürzt ab.

$$48\text{ min} = \frac{48}{60}\text{ von } 60\text{ min} = \frac{48}{60}\text{ von } 1\text{ h} = \frac{48}{60}\text{ h} = \frac{4}{5}\text{ h}$$

$$48\text{ min} = \frac{48}{60}\text{ h} = \frac{4}{5}\text{ h}$$

Verfahre wie Wurzel und schreibe als Bruchteil von 1 h.
5 min ; 6 min ; 18 min ; 27 min ; 36 min ; 90 min.

b) Schreibe als Bruchteil von 1 m: 5 cm ; 30 cm ; 32 cm ; 65 cm ; 80 cm ; 125 cm.

c) Schreibe als Bruchteil von 1 kg: 50 g ; 375 g ; 600 g ; 750 g ; 900 g ; 1500 g.

43. Du siehst rechts einen Parkplatz.
a) Welcher Bruchteil der Parkplätze ist belegt?
b) Wie viele Autos fehlen, damit der Parkplatz zu $\frac{3}{4}$ belegt ist?
c) Male zwei Autos gelb, drei grün und drei blau. Überprüfe nun Silvesters Aussage.

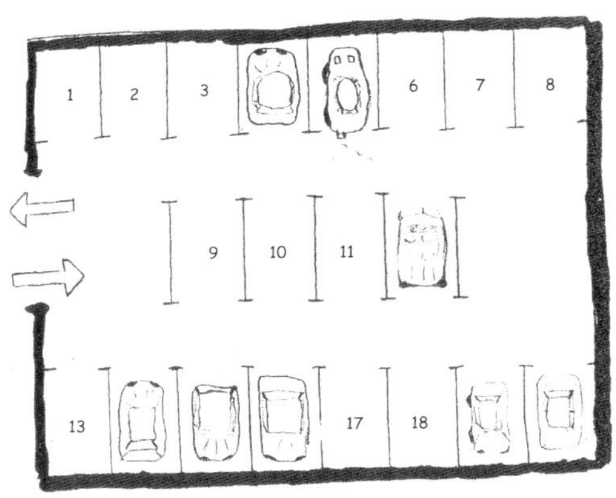

$\frac{1}{4}$ der geparkten Autos sind gelb.

44. Was du siehst, hat Silvester von der Sahnetorte übrig gelassen.
Welcher Bruchteil der Torte ist das?

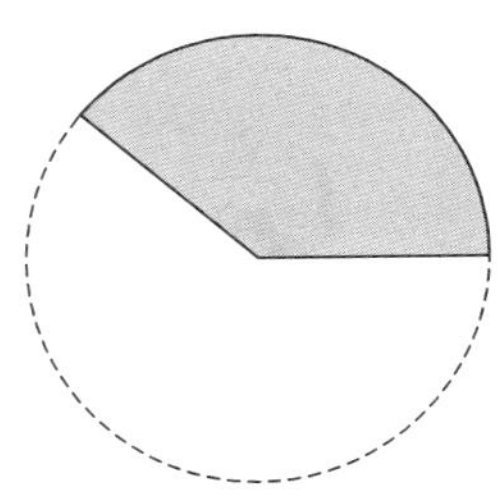

Dezimalbrüche

45. Gib die Längen in der Kommaschreibweise an.

$\frac{43}{100}$ m = 43 cm = m	$\frac{6}{10}$ cm = mm = cm
$\frac{65}{100}$ m = m	$\frac{43}{10}$ cm = cm
$\frac{7}{100}$ m = m	$\frac{675}{1000}$ m = m
$\frac{138}{100}$ m = m	$\frac{81}{1000}$ m = m

Brüche, deren Nenner Zehnerpotenzen sind, können dezimal geschrieben werden: Schreibe den Zähler hin und

$\frac{43}{10} = 4,3$

$\frac{43}{100} = 0,43$

$\frac{43}{1000} = 0,043$

Die Zahlen 4,3 und 0,43 und 0,043 heißen **Dezimalbrüche**, die Stellen hinter dem Komma **Dezimalen**.

46. Schreibe als Dezimalbruch.

a) $\frac{1}{10}$ =	e) $\frac{9}{10}$ =	i) $\frac{30}{100}$ =
b) $\frac{1}{100}$ =	f) $\frac{72}{100}$ =	j) $\frac{75}{1000}$ =
c) $\frac{1}{1000}$ =	g) $\frac{325}{1000}$ =	k) $\frac{57}{10}$ =
d) 1 Millionstel =	h) $\frac{3}{100}$ =	l) $\frac{275}{100}$ =

47. a) Fülle aus.

Zehnerbruch → Dezimalbruch	Dezimalbruch → Zehnerbruch
$\frac{27}{10}$ =	2,3 =
$\frac{64}{100}$ =	0,67 =
$\frac{8}{100}$ =	0,05 =
$\frac{347}{1000}$ =	0,352 =

b) Ergänze.

Wir verwandeln einen Dezimalbruch mit einer (zwei, drei, ...) Dezimalen in einen Bruch, indem

c) Wandle die Dezimalbrüche in Brüche um.

0,9 =	0,03 =	0,425 =	7,7 =
0,33 =	0,30 =	0,061 =	1,44 =

48. Schreibe als Bruch und kürze so weit wie möglich.

a) 0,5 =	e) 0,25 =
b) 0,2 =	f) 0,75 =
c) 0,3 =	g) 0,05 =
d) 0,8 =	h) 0,04 =

Weiter im Heft.

i) 0,35 k) 0,125 m) 2,4 o) 2,75

j) 0,48 l) 0,625 n) 1,5 p) 1,375

49. a) Silvester soll den Bruch $\frac{16}{25}$ in einen Dezimalbruch umwandeln. Kannst du ihm helfen?

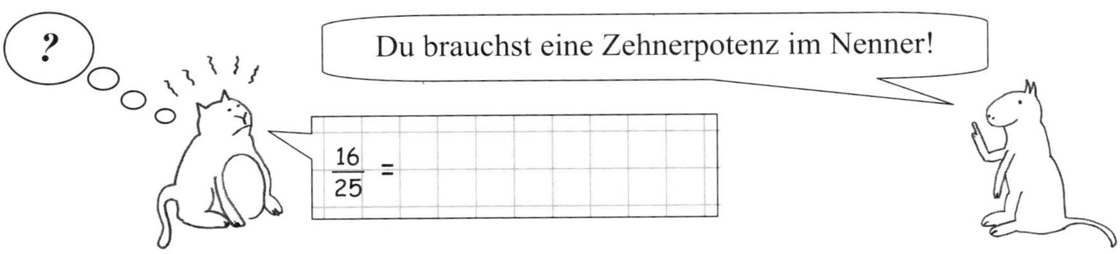

b) Schreibe dezimal. Die einfachen Fälle schaffst du im Kopf!

$\frac{1}{2}$ =	$\frac{5}{2}$ =	$\frac{1}{4}$ =	$\frac{1}{8}$ =
$\frac{1}{5}$ =	$\frac{3}{5}$ =	$\frac{3}{4}$ =	$1\frac{1}{4}$ =

c) Weiter im Heft: $\frac{17}{20}$; $\frac{13}{25}$; $\frac{53}{50}$; $\frac{3}{8}$; $\frac{18}{125}$; $\frac{1}{40}$.

d) Lassen sich die Brüche $\frac{1}{3}$, $\frac{5}{6}$, $\frac{4}{9}$ dezimal schreiben? Begründe deine Antwort.

Prozentbegriff

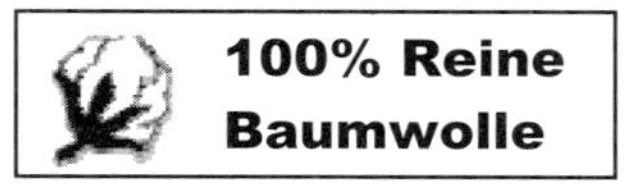

50. Silvester hat vormittags $4 \times 45\,\text{min}$ Unterricht in der Schule, 20% der Unterrichtszeit verschläft er. Wie viele Minuten sind das?

Für $\frac{p}{100}$ sagen wir ***p* Prozent** und schreiben p%.

20% = ——

20% von

=

51. Wandle die Prozentangaben in vollständig gekürzte Brüche um.

5% =	30% =	75% =
10% =	40% =	100% =
20% =	50% =	150% =
25% =	60% =	200% =

52. Die Abbildung stellt ein bebautes Grundstück dar. Das Haus (mit Garage und Anbau) ist dunkel markiert.

- Welcher Bruchteil des Grundstücks ist bebaut? Gib diesen Bruchteil auch in Prozent an.
- Bestimme die Abmessungen des Grundstücks und des Hauses.

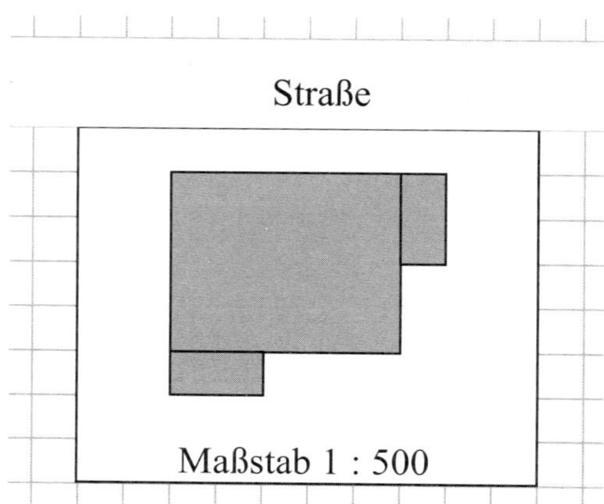

53. Wie viel Prozent der Fläche sind dunkel markiert?

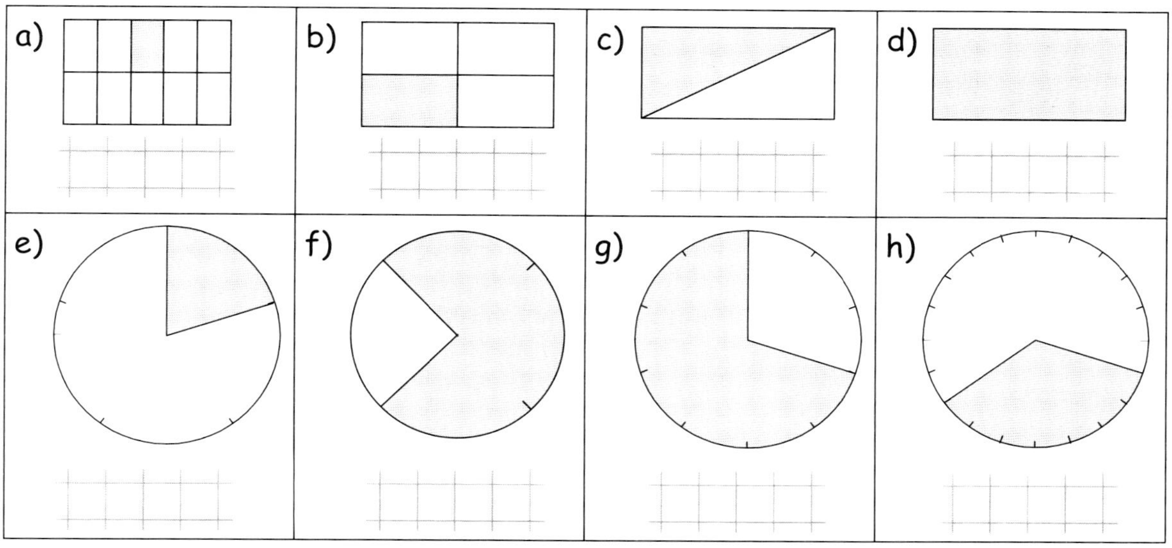

54. Berechne.

1% von 2500 € =	30% von 20 t =
1% von 380 € =	25% von 80 kg =
7% von 500 € =	50% von 256 m =
10% von 60 € =	75% von 400 km =

55. Herr Pixel kauft eine Digitalkamera, die 400 € kostet. Da er mit dem Händler befreundet ist, bekommt er die Kamera für 85 % von 400 €. Wie viel muss Herr Pixel bezahlen?

56. Silvester hat von seinem monatlichen Taschengeld bereits drei Viertel ausgegeben.

- Wie viel Prozent seines Taschengeldes hat Silvester ausgegeben, wie viel Prozent hat er noch?
- Wie viel Geld hat Silvester noch, wenn er im Monat 24 € Taschengeld bekommt?

57. a) Die Schülerbibliothek soll modernisiert werden. Der Förderverein der Schule übernimmt ein Viertel der Kosten und ein Sponsor 60%. Welcher Anteil ist noch offen?

b) Die Modernisierung kostet 7000 €. Wie viel davon bezahlen der Förderverein und der Sponsor?

58. a) Wie viele Schüler kommen mit dem Bus bzw. zu Fuß zur Schule?

b) Wie viel Prozent der Schüler kommen mit dem Fahrrad zur Schule?

c) Wie viele Schüler kommen mit dem Auto zur Schule? Wie viel Prozent sind das?

PROCENTO-GYMNASIUM

Von den 800 Schülern kommen in die Schule
- 45% mit dem Bus,
- 30% zu Fuß,
- 160 mit dem Fahrrad,
- der Rest mit dem Auto.

59. Herr Boschs Auto hat einen Getriebeschaden. Das Ersatzteil kostet 500 Euro netto.

Bezahlen muss man allerdings den **Bruttopreis**, d. h. den **Nettopreis** plus die **Mehrwertsteuer** (MwSt.). Die Mehrwertsteuer beträgt 19% des Nettopreises.

Wie viel muss Herr Bosch für das Ersatzteil bezahlen?

60. Stimmt die Aussage der Werbung?

61. Was kosten Mantel, Hose und Hemd im Ausverkauf?

Mantel:

Hose:

Hemd:

Ausverkauf

Mantel: ~~300 €~~

Hose: ~~120 €~~

Hemd: ~~69 €~~

Jetzt alles 30% billiger!

62. Stelle die Stimmenanteile in dem Diagramm dar.

Bürgermeisterwahl in X-brücken

Stimmenanteile der Kandidaten:

Heiko Schwarz	45%
Petra Rot	35%
Josef Grün	20%

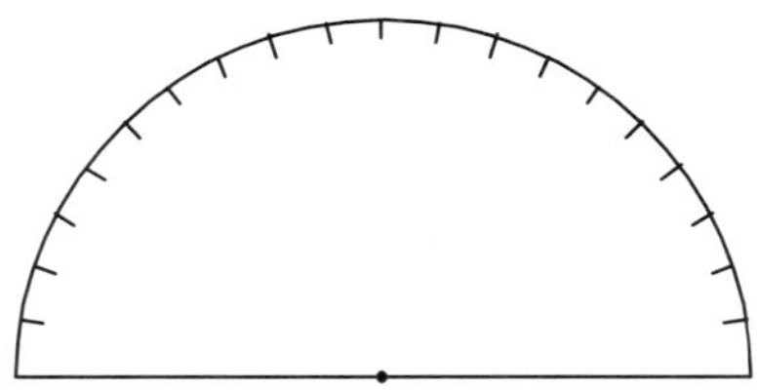

63. Frau Keller kauft Möbel für 6000 €. Sie zahlt 25% des Betrags an. Den Rest zuzüglich 8% Zinsen zahlt sie in Monatsraten von 350 € ab.

Berechne die Anzahl der Raten und den Restbetrag am Ende.

Vergleichen und Ordnen 

64. Ergänze und vergleiche

$\frac{1}{2}$ ...	$\frac{3}{5}$ ...
... von 1 Pizza = 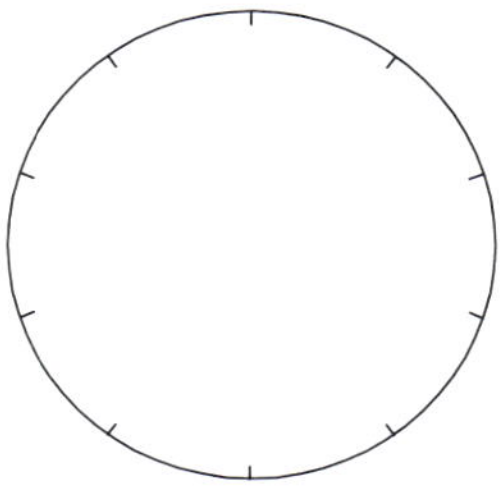	... von 1 Pizza = 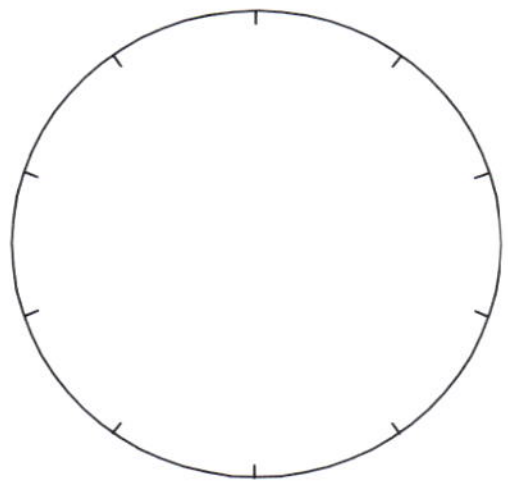
... von 400 Schülern =	... von 400 Schülern =
... von 1 h =	... von 1 h =
... von 3 m =	... von 3 m =

Die Hälfte eines Ganzen ist stets weniger als drei Fünftel eines Ganzen. Wir sagen, der Bruchteil $\frac{1}{2}$ ist kleiner als der Bruchteil $\frac{3}{5}$, und schreiben $\frac{1}{2} < \frac{3}{5}$.

65. a) Welcher Bruchteil ist kleiner: $\frac{2}{5}$ oder $\frac{3}{8}$?

$\frac{2}{5} = \frac{16}{40}$ $\frac{3}{8} = \frac{15}{40}$ $\frac{2}{5} > \frac{3}{8}$

Berechne $\frac{2}{5}$ oder $\frac{3}{8}$ von einer Zahl, z. B. von der Zahl 40.

$5 \cdot 8 = 40$

b) Welcher Bruchteil ist kleiner?

Bruchteile		Test	Ergebnis
$\frac{1}{2}$	$\frac{2}{3}$	$\frac{1}{2} = \frac{3}{6}$ $\frac{2}{3} = \frac{4}{6}$	$\frac{1}{2} < \frac{2}{3}$
$\frac{1}{4}$	$\frac{1}{5}$	$\frac{1}{4} < \frac{5}{20}$ $\frac{1}{5} = \frac{4}{20}$	$\frac{1}{4} > \frac{1}{5}$
$\frac{1}{3}$	$\frac{3}{10}$	$\frac{1}{3} = \frac{10}{30}$ $\frac{3}{10} = \frac{9}{30}$	$\frac{1}{3} > \frac{3}{10}$
$\frac{3}{4}$	$\frac{4}{5}$	$\frac{3}{4} = \frac{15}{20}$ $\frac{4}{5} = \frac{16}{20}$	$\frac{3}{4} < \frac{4}{5}$

66. a) Setze das richtige Anordnungszeichen (< oder >).

$\frac{1}{3}$	$\frac{2}{3}$	$\frac{4}{5}$	$\frac{2}{5}$	$\frac{5}{8}$	$\frac{9}{8}$
$\frac{3}{4}$	$\frac{1}{4}$	$\frac{3}{10}$	$\frac{7}{10}$	$\frac{7}{6}$	$\frac{4}{6}$

b) Ergänze.

Von zwei nennergleichen Brüchen bezeichnet derjenige den kleineren Bruchteil, der .

67. a) Welcher Bruchteil ist kleiner: $\frac{4}{9}$ oder $\frac{1}{2}$?

Deine Lösung:

b) Setze das richtige Zeichen (< , > , =) ein.

$\frac{5}{8}$	> $\frac{4}{8}$	$\frac{1}{2}$	$\frac{3}{10}$	< $\frac{4}{10}$	$\frac{2}{5}$	$\frac{3}{4}$		$\frac{2}{3}$	$\frac{1}{3}$		$\frac{3}{8}$
$\frac{2}{3}$		$\frac{5}{6}$	$\frac{6}{9}$		$\frac{10}{15}$	$\frac{2}{7}$		$\frac{1}{3}$	$\frac{3}{5}$		$\frac{7}{12}$

c) Vergleiche mit der Zahl 1; setze das richtige Zeichen (< , > , =) ein.

$\frac{9}{10}$	1	$\frac{3}{2}$	1	$\frac{9}{5}$	1	$\frac{4}{4}$	1

68. a) Folgende Brüche sind nicht nennergleich. Trotzdem kannst du sie leicht miteinander vergleichen (< oder >).

$\frac{1}{2}$	$\frac{1}{6}$	$\frac{3}{8}$	$\frac{3}{10}$	$\frac{5}{8}$	$\frac{5}{3}$
$\frac{2}{5}$	$\frac{2}{3}$	$\frac{4}{9}$	$\frac{4}{7}$	$\frac{7}{3}$	$\frac{7}{4}$

b) Ergänze.

Von zwei zählergleichen Brüchen bezeichnet derjenige den kleineren Bruchteil, der .

69. Welcher Sack ist am schwersten, welcher am leichtesten?

70. Markiere die Bruchteile

- blau, die kleiner als $\frac{1}{3}$ sind,
- rot, die zwischen $\frac{1}{3}$ und $\frac{2}{3}$ liegen,
- grün, die größer als $\frac{2}{3}$ sind.

$\frac{3}{4}$	$\frac{3}{10}$	$\frac{3}{5}$	$\frac{5}{8}$	$\frac{2}{9}$
$\frac{11}{15}$	$\frac{5}{6}$	$\frac{2}{7}$	$\frac{7}{12}$	$\frac{6}{11}$

71. Beim Schulfest veranstalten die Klassen 5a und 5b Tombolas. Die Lostrommel der 5a enthält 200 Lose, darunter 75 Gewinne. Die Lostrommel der 5b enthält 300 Lose, darunter 90 Gewinne. Bei welcher Tombola hast du eine größere Chance, einen Gewinn zu ziehen?

72. Auf einem Schulfest organisiert eine Klasse 5 ein gesundes Frühstück. Der Klassenlehrer unterrichtet das Fach Mathematik und hat deshalb drei Glücksräder aufgebaut, an denen man sich das Obst für das Frühstück per Zufall auswählen kann.

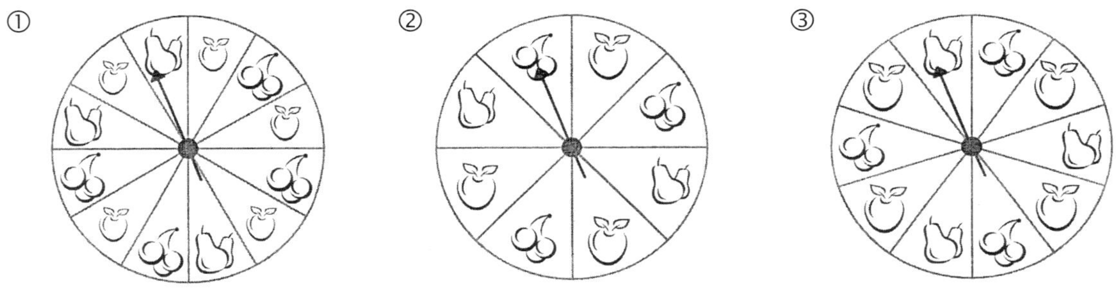

a) Peter ist ein Apfelfan. An welchem Glückspfeil würde er drehen, damit er die größte Chance hat, einen Apfel zu erhalten? Begründe deine Meinung.

b) Petra und Christine stehen vor den Glücksrädern. Sie möchten unbedingt ihre beste Chance auf eine Birne vorher feststellen. Petra sagt zu Christine: „Es ist eigentlich egal, ob ich den Pfeil 1 oder 3 drehe, auf beiden Scheiben liegen 3 Birnen."

Was sagst du zu dieser Aussage?

c) Jan schmecken Birnen und Kirschen gleich gut. Er geht gleich zum 1. Glücksrad, weil er dort so viele Birnen und Kirschen zusammen entdeckt wie auf keinem anderen Glücksrad. Hat er gut ausgewählt?

d) Lisa behauptet: „Wenn ich ein Geodreieck dabei hätte, dann könnte ich mir meine beste Chance ausmessen." Was meint Lisa damit?

73. In welcher Klasse ist der Anteil der Einsen am größten?

Vergleichsarbeit in Mathematik	
Klasse 5a:	28 Schüler, 6 Einsen
Klasse 5b:	32 Schüler, 8 Einsen
Klasse 5c:	30 Schüler, 6 Einsen

Addieren und Subtrahieren

74. a) Zeichne $\frac{5}{9}$ der Pizza und $\frac{2}{9}$ der Pizza farbig und berechne.

$\frac{5}{9}$ Pizza + $\frac{2}{9}$ Pizza =

b) Zeichne und berechne.

$\frac{10}{12}$ Kuchen - $\frac{7}{12}$ Kuchen =

c) Übersetze in die Bruchschreibweise.

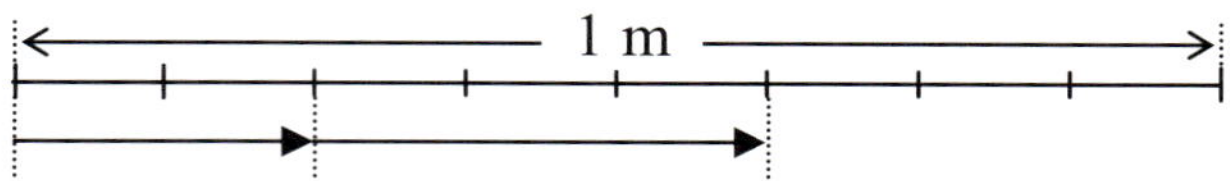

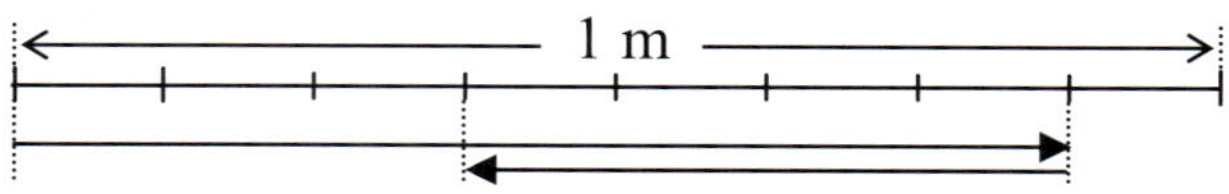

d) Wie addiert Silvester die Brüche?

Zeige, dass das Ergebnis stimmt, indem du die Maßeinheit min verwendest.

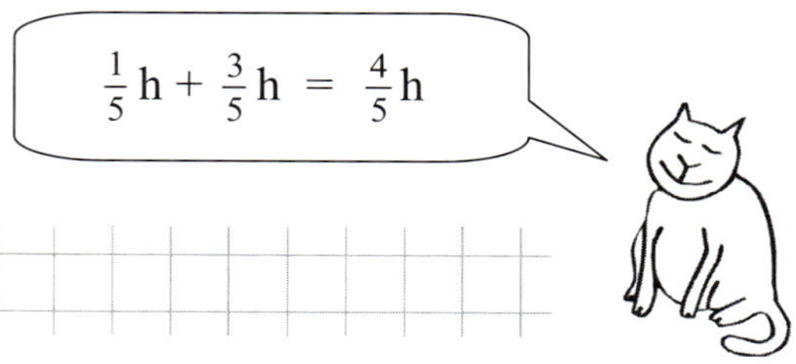

e) Ergänze.

Nennergleiche Brüche werden addiert (subtrahiert), indem

75. Kürze das Ergebnis falls möglich.

a) $\frac{5}{12}+\frac{3}{12}=$ $\frac{8}{12}$	e) $\frac{3}{4}-\frac{1}{4}=$ $\frac{2}{4}$	i) $\frac{3}{4}+\frac{1}{4}=$ $\frac{4}{4}=1$
b) $\frac{1}{3}+\frac{1}{3}=$ $\frac{2}{3}$	f) $\frac{5}{8}-\frac{3}{8}=$ $\frac{2}{8}$	j) $\frac{1}{2}+\frac{3}{2}=$ $\frac{4}{2}$
c) $\frac{2}{5}+\frac{1}{5}=$ $\frac{3}{5}$	g) $\frac{7}{6}-\frac{5}{6}=$ $\frac{2}{6}$	k) $\frac{9}{5}-\frac{4}{5}=$ $\frac{5}{5}=1$
d) $\frac{3}{10}+\frac{2}{10}=$ $\frac{5}{10}$	h) $\frac{13}{12}-\frac{4}{12}=$ $\frac{9}{12}$	l) $\frac{8}{3}-\frac{2}{3}=$ $\frac{8\,6}{3\,3}$

76. a) Eine Schachtel Mozartkugeln enthält 12 Kugeln. Berechne $\frac{1}{3}$ Schachtel + $\frac{1}{4}$ Schachtel.

Während Silvester die Aufgabe zeichnerisch angeht, bevorzugt Wurzel eine rechnerische Lösung. Führe beide Wege aus.

$\frac{1}{3}$ Schachtel + $\frac{1}{4}$ Schachtel

= $\frac{4}{12}$ Schachtel +

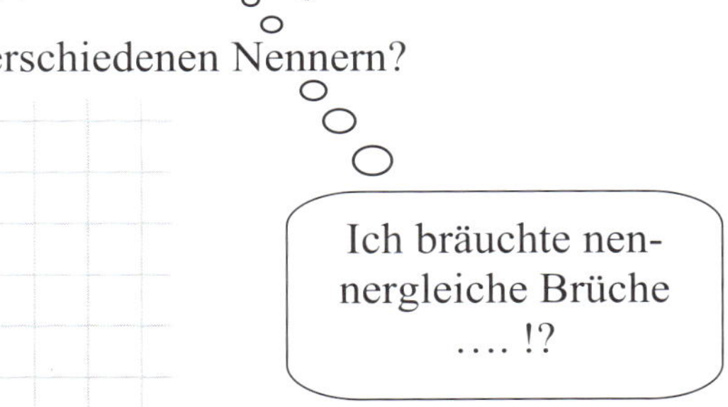

b) Wie addierst (subtrahierst) du Brüche mit verschiedenen Nennern?

- $\frac{3}{4} + \frac{1}{2} =$
- $\frac{4}{5} - \frac{1}{10} =$
- $\frac{1}{2} + \frac{1}{3} =$
- $\frac{3}{4} - \frac{2}{3} =$

Addition (Subtraktion) von Brüchen mit verschiedenen Nennern:

1.

2.

77. Berechne und kürze das Ergebnis falls möglich.

a) $\frac{3}{10} + \frac{1}{2}$ =

b) $\frac{1}{3} + \frac{1}{5}$ =

c) $\frac{2}{3} + \frac{5}{8}$ =

d) $\frac{1}{2} + \frac{1}{6}$ e) $\frac{3}{8} + \frac{1}{4}$ f) $\frac{3}{4} + \frac{2}{5}$ g) $\frac{1}{2} + \frac{2}{9}$ h) $\frac{2}{3} + \frac{4}{7}$ i) $\frac{5}{12} + \frac{3}{10}$

78. Berechne und kürze das Ergebnis falls möglich.

a) $\frac{5}{6} - \frac{1}{3}$ =

b) $\frac{3}{4} - \frac{7}{12}$ =

c) $\frac{7}{8} - \frac{3}{5}$ =

d) $\frac{4}{5} - \frac{3}{10}$ e) $\frac{11}{12} - \frac{2}{3}$ f) $\frac{7}{6} - \frac{1}{2}$ g) $\frac{1}{2} - \frac{1}{3}$ h) $\frac{3}{4} - \frac{2}{3}$ i) $\frac{5}{6} - \frac{5}{8}$

Kreisdiagramme 

79. Das Kreisdiagramm zeigt, wie Silvester die 24 Stunden eines Tages verbringt.

a) Welchen Bruchteil des Tages verbringt er mit Schlafen? Wie viele Stunden sind das?

b) Wie viele Stunden verbringt er mit Spielen, Mathematik und Fellpflege?

c) Welche Mittelpunktswinkel gehören zu den einzelnen Aktivitäten?

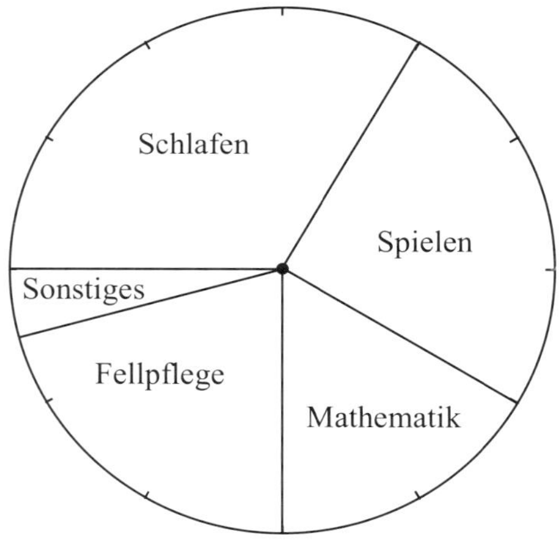

80. a) Welche Bruchteile des Tages verbringt Wurzel mit Schlafen und im Hundetraining?

b) Stelle Wurzels Tagesablauf in einem Kreisdiagramm dar.

Wurzels Tagesablauf:

Schlafen: 9h Freizeit: 4h
Arbeiten: 8h Sonstiges: 1h
Hundetraining: 2h

81. Das Diagramm beschreibt die Zusammensetzung des Hausmülls. Dabei ist die Kreisfläche entsprechend den Prozentsätzen aufgeteilt.

Zum Prozentsatz $p\%$ gehört ein Kreisausschnitt mit dem Mittelpunktswinkel $p\%$ von 360°.

Prozentschreibweise:

$$p\% = \frac{p}{100}.$$

Überprüfe, ob das Kreisdiagramm richtig gezeichnet ist:

Prozentsatz	Mittelpunktswinkel errechnet	Mittelpunktswinkel gemessen
5%		
10%		
15%		
20%		
45%		

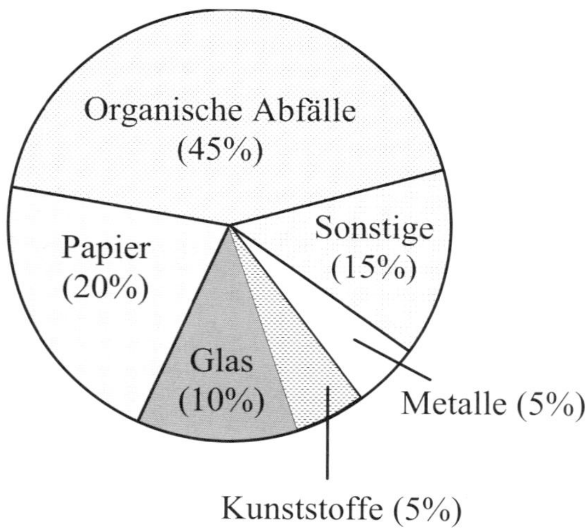

82. a) Im Kreisdiagramm gehört zu jedem Bruchteil ein bestimmtes Maß φ des Mittelpunktswinkels.

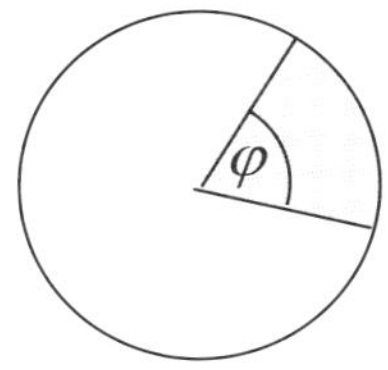

Fülle aus:

Bruchteil	$\frac{1}{2}$	$\frac{1}{3}$	$\frac{1}{4}$	$\frac{1}{5}$	$\frac{1}{6}$	$\frac{1}{8}$	$\frac{1}{9}$	$\frac{1}{10}$	$\frac{1}{12}$	$\frac{1}{15}$
φ										

b) Die Tabelle in a) hilft dir auch, die Winkelmaße φ zu finden, die zu folgenden Bruchteilen gehören:

Bruchteil	$\frac{2}{3}$	$\frac{3}{4}$	$\frac{3}{5}$	$\frac{5}{6}$	$\frac{2}{9}$	$\frac{5}{12}$
φ						

c) Oft werden Bruchteile auch in Prozent angegeben.

p%	1%	5%	10%	20%	25%	40%	50%	60%	75%	100%
φ										

83. Erstelle jeweils ein Kreisdiagramm.

a) Familie Palm gibt von ihrem Einkommen aus:

- 25% für Miete,
- 15% für Versicherungen,
- 15% für das Auto,
- 5% als Spareinlage,
- 30% für Lebensmittel,
- den Rest für sonstige Anschaffungen.

b) Von den Schülern des Phigymnasiums kommen

- 210 mit dem Bus,
- 180 mit dem Fahrrad,
- 120 mit dem Auto,
- 90 zu Fuß zur Schule.

84. Wälder bestehen aus Laubwald, Nadelwald und Mischwald. In nebenstehendem Kreisdiagramm sind für ein Waldgebiet die Anteile der einzelnen Waldarten dargestellt.

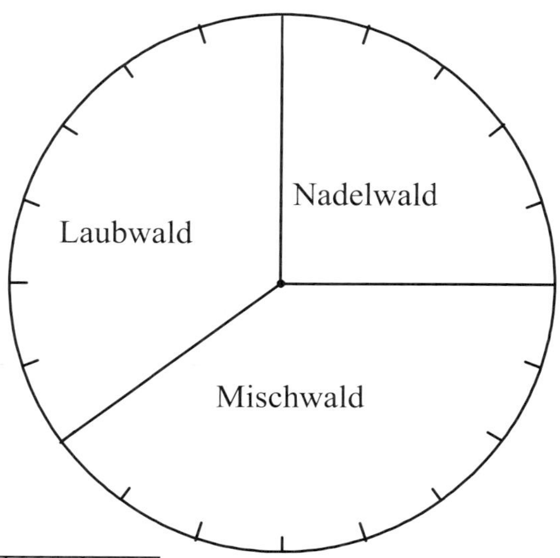

a) Lies die Anteile ab.
Gib sie auch in Prozent an.

b) Du kannst auch in einem **Streifendiagramm** darstellen, wie sich das Waldgebiet aus den einzelnen Waldarten zusammensetzt.

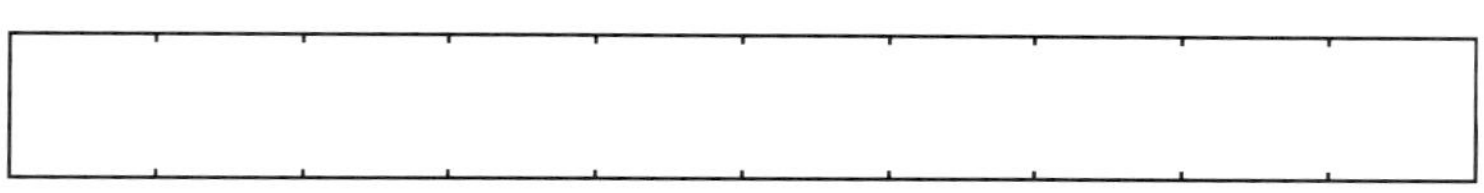

Vermischte Aufgaben 

85. Einen Bruchteil können wir durch einen Bruch, durch einen Dezimalbruch oder in Prozent angeben. Ergänze.

Bruch		$\frac{1}{4}$			$\frac{2}{5}$		$\frac{7}{10}$	
Dezimalbruch	0,5			0,1		0,75		
In Prozent			20%					5%

86. Ein Drittel dezimal?

a) Vergleiche die Bruchteile $\frac{1}{3}$ und 0,3. Um wie viel unterscheiden sie sich?

b) Auf den $\frac{1}{3}$ ℓ - Flaschen findest du die Angebe 0,33 ℓ. Ist das korrekt? Falls nicht, wie groß ist der Fehler?

c) Finde einen Dezimalbruch, der sich nur noch um $\frac{1}{3000}$ (ein dreitausendstel) von $\frac{1}{3}$ unterscheidet.

d) Siehst du einen Ausweg, wie man $\frac{1}{3}$ doch noch dezimal schreiben kann?

87. Wer hat richtig gerechnet?

Tim	$\frac{5}{6} - \frac{7}{9} = \frac{30}{36} - \frac{28}{36} = \frac{2}{36}$	Ina	$\frac{5}{6} - \frac{7}{9} = \frac{15}{18} - \frac{14}{18} = \frac{1}{18}$
Eva	$\frac{5}{6} - \frac{7}{9} = \frac{45}{54} - \frac{42}{54} = \frac{3}{54}$	Max	$\frac{5}{6} - \frac{7}{9} = \frac{8}{9} - \frac{7}{9} = \frac{1}{9}$

88. a) Berechne. Überprüfe deine Ergebnisse anhand der Zeichnung.

- $1 + \frac{2}{3} = \frac{3}{3} + \frac{2}{3} =$
- $2 + \frac{1}{3} =$
- $3 - \frac{4}{3} =$

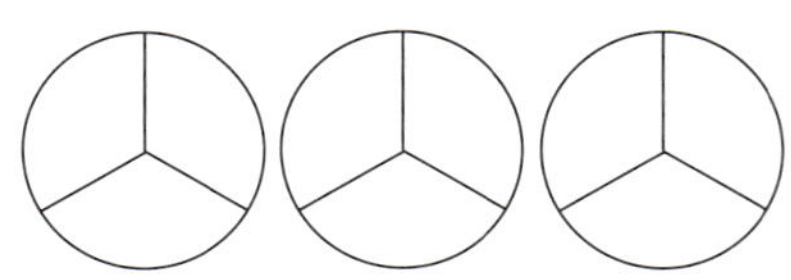

b) Berechne.

① $1 + \frac{1}{2} =$ 3/2 ③ $\frac{3}{8} + 2 =$ 5/8 ⑤ $1 - \frac{1}{3} =$ 0/3 ⑦ $2 - \frac{3}{4} =$ 1/4

② $1 + \frac{2}{3} =$ 3/3 = 1 ④ $\frac{7}{10} + 4 =$ 18/10 ⑥ $1 - \frac{5}{8} =$ 4/8 ⑧ $3 - \frac{2}{5} =$ 1/5

89. Einkaufen

Wiegt Lisas Einkaufstasche mehr als 2 kg?

Lisas Einkaufszettel

$\frac{3}{4}$ kg Brot $\frac{1}{2}$ kg Käse $\frac{3}{10}$ kg Trauben

$\frac{1}{5}$ kg Butter $\frac{3}{8}$ kg Schinken

90. Silvesters Spezialgetränk

An seinem Geburtstag will Silvester seine Gäste mit einem Mixgetränk überraschen. Sein Rezept: Man nehme $\frac{1}{4}$ ℓ Orangensaft, dazu gebe man $\frac{1}{8}$ ℓ Ananassaft und fülle mit 0,7 ℓ Sprudel auf. Silvester will das Getränk in einer 1-ℓ-Flasche mischen.

91. Milchshake

Mike bereitet einen Milchshake für sich und seine drei Freunde: Er mixt $\frac{3}{8}$ Liter Bananensaft mit $1\frac{5}{8}$ Liter Milch. Wie viel bekommt jeder von dem Shake?

92. Verteilungsproblem

Anna verteilt Gummibärchen:

Sie gibt Steven $\frac{1}{5}$, Philipp $\frac{3}{10}$ und Nadine $\frac{2}{9}$ des Inhalts ihrer Tüte.

a) Welchen Anteil behält sie für sich?

b) Wer bekommt am meisten?

c) Silvester schätzt, dass 60 Bärchen in der Tüte waren. Was denkst du?

d) Wie viele Bärchen müssen mindestens in der Tüte gewesen sein?

93. Gefräßiger Kater

Silvester hat den dunkel markierten Teil des Kuchens gegessen.

Welchen Bruchteil hat er Wurzel übrig gelassen?

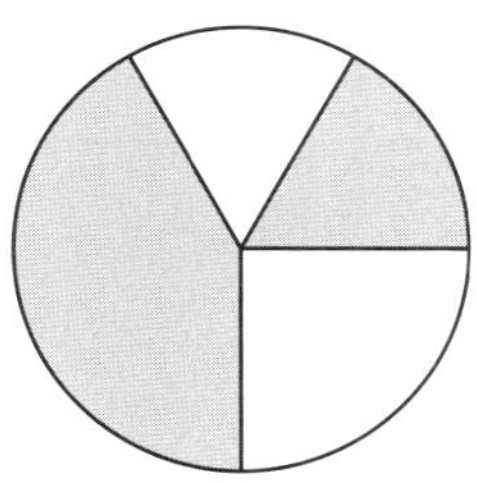

94. Wohltätigkeitsball

Der Ball wird von 650 Gästen besucht. Eine Verlosung bringt zusätzlich 2680 € ein. Kosten sind in Höhe von 6300 € entstanden. Die Grundschule erhält den vierten Teil des Reinerlöses, die Gemeinschaftsschule und das Gymnasium jeweils die Hälfte vom Rest.

Wie viel Euro bekommt jede Schule?

Der Verkehrsverein lädt ein zum

Wohltätigkeitsball

Eintritt: 14 €

Der Reinerlös geht an die drei Schulen der Stadt.

95. Zeitungsabonnement

Die Monatszeitschrift Computer-News kostet im Jahresabonnement 69,00 €, im Einzelverkauf wird sie für 6,50 € angeboten.

- Um wie viel Euro ist ein Heft im Abonnement billiger?
  Wie viel Euro spart der Abonnent im Jahr?
- Jan behauptet: „Im Abo sparst du 12%!“ Stimmt das?

96. Auf nach Heidelberg

Eine Reisegesellschaft von 35 Personen mietet einen Bus für eine Fahrt nach Heidelberg. Der Fahrpreis ist auf 24 € pro Person berechnet worden. Bei der Abfahrt fehlen drei Personen.

a) Berechne den Bruchteil der angemeldeten Personen, die tatsächlich mitfahren.

b) Um wie viel erhöht sich der Fahrpreis für jeden Teilnehmer?

97. Autokauf

Herr Reich kauft ein neues Auto zum Preis von 24800 €. Für seinen alten Wagen erhält er 4960 € gutgeschrieben, die Hälfte bezahlt er bar, den Rest in Monatsraten.

a) Welchen Bruchteil des Kaufpreises begleicht Herr Reich durch die Rückgabe seines alten Wagens? Wie viel Prozent sind das?

b) Herr Reich möchte monatlich 465 € bezahlen. Berechne die Anzahl der Raten.

c) Wie hoch muss die monatliche Rate sein, wenn Herr Reich mit der Ratenzahlung innerhalb eines Jahres fertig sein möchte?

98. Transportproblem

Die Nutzlast eines Lkw beträgt $4\frac{1}{2}$ t. Zum Transport stehen an: 8 Eisenträger zu je 0,35 t, 5 Betonelemente zu je 160 kg und 48 Sack Zement zu je 25 kg. Vorrangig sollen die Eisenträger und die Betonelemente transportiert werden. Wie belädst du den Lkw?

99. Geschäftsreise nach Berlin

Herr Bach aus Saarbrücken hat um 17.00 Uhr einen Geschäftstermin in Berlin. Er fährt mit seinem Pkw und schätzt, dass er durchschnittlich 75 km in der Stunde zurücklegen kann. Er will unterwegs eine Pause von einer Stunde machen und gegen 16.00 Uhr in Berlin ankommen. Entfernung Saarbrücken - Berlin: 750 km.

a) Um wie viel Uhr muss Herr Bach zu Hause losfahren?

b) Sein Auto verbraucht durchschnittlich 6 Liter Benzin auf 100 km. Ein Liter Benzin kostet 1,55 €. Mit welchen Benzinkosten muss Herr Bach für Hin- und Rückreise rechnen?

c) Die Benzinkosten machen ein Viertel der Gesamtkosten der Dienstreise aus.
Wie viel kostet die Dienstreise insgesamt?

d) Herr Bach hätte auch mit der Bahn nach Berlin fahren können. Ermittle in diesem Fall über das Internet (www.bahn.de): Abfahrtszeit, Ankunftszeit, Reisedauer, Fahrtkosten.

100. Fahrplanfragen

a) Wie lange ist der **R**egional**E**xpress, der um 8.51 Uhr in Saarbrücken abfährt, unterwegs? Gib das Ergebnis auch in Stunden an.

b) Herr Daub hat um 10.00 Uhr einen Geschäftstermin in Frankfurt.
Wann sollte er in Saarbrücken losfahren? Wie viele Stunden ist er unterwegs?

c) Suche die schnellste Verbindung von Saarbrücken nach Frankfurt heraus.

d) Welche Züge brauchen am längsten?

Saarbrücken → Frankfurt

Zugart	ab	an	über
IC	4.40	7.12	Mannheim
RE	4.46	7.36	Mainz
RE	5.46	8.36	Mainz
ICE	6.42	9.04	Mannheim
RE	6.51	9.36	Mainz
RE	8.51	11.36	Mainz
ICE	8.58	10.58	Mannheim
RE	10.51	13.36	Mainz
TGV	10.57	12.58	Mannheim
IC, ICE	12.49	15.08	Mannheim
RE	12.51	15.36	Mainz
...	...	...	...

Parkettieren II

1. Jasmin legt mit quadratischen Plättchen das folgende Muster; sie beginnt mit einem weißen quadratischen Plättchen und legt einen Rand mit weiteren quadratischen Plättchen um das weiße.

   Schreibe die Anzahl der Plättchen, die den zweiten bzw. dritten Rand bilden, jeweils in die rechte Randecke.

   Wie viele Plättchen benötigt man für den vierten bzw. zehnten Rand?

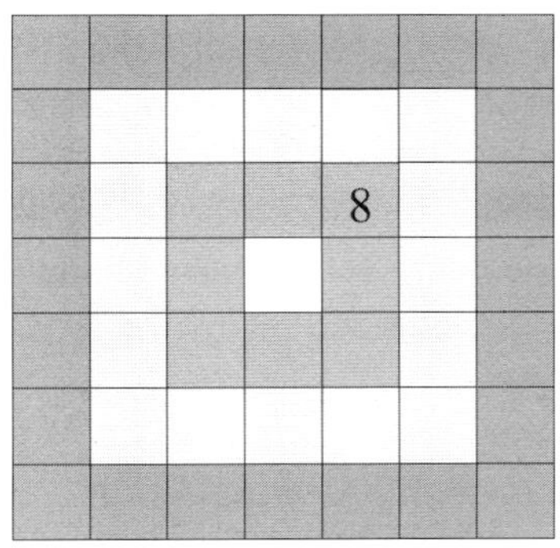

2. Wie viele Sechsecke benötigt man bei dieser Figur für den vierten bzw. zehnten Rand?

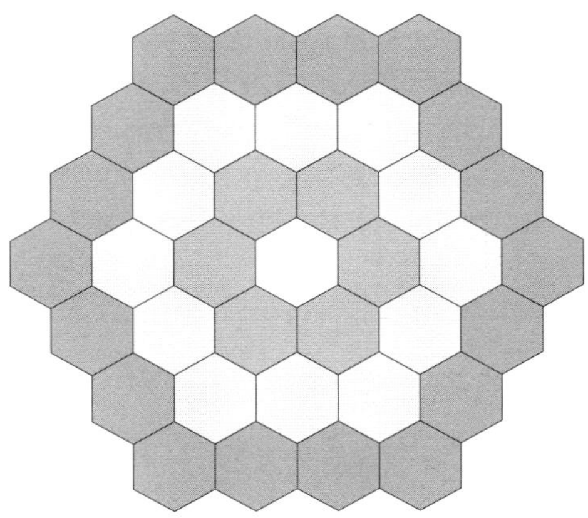

AUF EINEN BLICK

Teil eines Ganzen:

$\frac{a}{b}$ eines Ganzen bedeutet: Teile das Ganze in b gleiche große Teile und nimm a davon.

Das Zeichen $\frac{a}{b}$ heißt **Bruch** mit **Zähler** a und **Nenner** b.

Aufgabentypen:

- Ein Ganzes (z.B. ein Kuchen) besteht aus 20 gleich großen Stücken.
  Wie viele Stücke sind zwei Fünftel des Ganzen?
  Lösung: $\frac{2}{5}$ des Ganzen $= \frac{2}{5}$ von 20 Stücken $=$ 8 Stücke.
- Ein Ganzes ist in 24 gleich große Stücke zerlegt. Welcher Bruchteil sind 9 Stücke?
  Lösung: 9 Stücke $= \frac{9}{24}$ von 24 Stücken $= \frac{3}{8}$ des Ganzen.

Bruchteile von Größen:
Das Ganze kann auch eine Größe sein, z.B. 1 m oder 12 kg.
Beispiel: $\frac{3}{4}$m $= \frac{3}{4}$ von 1 m $= \frac{3}{4}$ von 100 cm $=$ 75 cm.

Einen **Bruch erweitern** heißt Zähler und Nenner mit derselben Zahl $\neq 0$ multiplizieren.
Einen **Bruch kürzen** heißt Zähler und Nenner durch dieselbe Zahl dividieren.
Bruch, erweiterter Bruch und gekürzter Bruch stellen denselben Bruchteil dar.

Beispiele: $\frac{1}{2}$ Kuchen $\overset{8}{=} \frac{8}{16}$ Kuchen ; $\frac{40}{60}$h $\underset{20}{=} \frac{2}{3}$h .

Brüche, deren Nenner Zehnerpotenzen sind, können als **Dezimalbrüche** geschrieben werden. Man schreibt den Zähler hin und setzt das Komma so, dass dahinter so viele Stellen sind wie Nullen im Nenner des Bruchs. Die Stellen hinter dem Komma heißen **Dezimalen**.
Beispiele: $\frac{375}{100} = 3{,}75$; $\frac{64}{1000} = 0{,}064$ (fehlende Stellen mit Nullen auffüllen)
Wir verwandeln einen Dezimalbruch mit einer (zwei, drei,...) Dezimalen in einer Bruch, indem wir die Ziffernfolge ohne Komma in den Zähler und 10 (100, 1000, ...) in den Nenner schreiben.

Prozentschreibweise: Für $\frac{p}{100}$ sagen wir p Prozent und schreiben $p\%$, z. B. $5\% = \frac{5}{100} = \frac{1}{20}$.

Vergleichen von Bruchteilen
Von zwei nennergleichen Brüchen bezeichnet derjenige den kleineren Bruchteil, der den kleineren Zähler hat. Von zwei zählergleichen Brüchen bezeichnet derjenige den kleineren Bruchteil, der den größeren Nenner hat. Stimmen weder die Nenner noch die Zähler überein, so bringt man die Brüche durch Erweitern oder Kürzen auf den gleichen Nenner oder Zähler.

Beispiel: Man soll $\frac{5}{8}$ und $\frac{3}{5}$ vergleichen: $\frac{5}{8} \overset{5}{=} \frac{25}{40}$ und $\frac{3}{5} \overset{8}{=} \frac{24}{40}$. Also: $\frac{5}{8} > \frac{3}{5}$.

Addieren und Subtrahieren
Nennergleiche Brüche werden addiert (subtrahiert), indem man die Zähler addiert (subtrahiert) und den Nenner beibehält. Sind die Nenner verschieden, so macht man die Brüche zuerst durch Erweitern oder Kürzen nennergleich.
Beispiel: $\frac{3}{4} + \frac{2}{3} = \frac{9}{12} + \frac{8}{12} = \frac{17}{12} = 1\frac{5}{12}$.